AutoUni – Schriftenreihe

Band 133

Reihe herausgegeben von/Edited by
Volkswagen Aktiengesellschaft
AutoUni

Die Volkswagen AutoUni bietet Wissenschaftlern und Promovierenden des Volkswagen Konzerns die Möglichkeit, ihre Forschungsergebnisse in Form von Monographien und Dissertationen im Rahmen der „AutoUni Schriftenreihe" kostenfrei zu veröffentlichen. Die AutoUni ist eine international tätige wissenschaftliche Einrichtung des Konzerns, die durch Forschung und Lehre aktuelles mobilitätsbezogenes Wissen auf Hochschulniveau erzeugt und vermittelt.

Die neun Institute der AutoUni decken das Fachwissen der unterschiedlichen Geschäftsbereiche ab, welches für den Erfolg des Volkswagen Konzerns unabdingbar ist. Im Fokus steht dabei die Schaffung und Verankerung von neuem Wissen und die Förderung des Wissensaustausches. Zusätzlich zu der fachlichen Weiterbildung und Vertiefung von Kompetenzen der Konzernangehörigen fördert und unterstützt die AutoUni als Partner die Doktorandinnen und Doktoranden von Volkswagen auf ihrem Weg zu einer erfolgreichen Promotion durch vielfältige Angebote – die Veröffentlichung der Dissertationen ist eines davon. Über die Veröffentlichung in der AutoUni Schriftenreihe werden die Resultate nicht nur für alle Konzernangehörigen, sondern auch für die Öffentlichkeit zugänglich.

The Volkswagen AutoUni offers scientists and PhD students of the Volkswagen Group the opportunity to publish their scientific results as monographs or doctor's theses within the "AutoUni Schriftenreihe" free of cost. The AutoUni is an international scientific educational institution of the Volkswagen Group Academy, which produces and disseminates current mobility-related knowledge through its research and tailor-made further education courses. The AutoUni's nine institutes cover the expertise of the different business units, which is indispensable for the success of the Volkswagen Group. The focus lies on the creation, anchorage and transfer of knew knowledge.

In addition to the professional expert training and the development of specialized skills and knowledge of the Volkswagen Group members, the AutoUni supports and accompanies the PhD students on their way to successful graduation through a variety of offerings. The publication of the doctor's theses is one of such offers. The publication within the AutoUni Schriftenreihe makes the results accessible to all Volkswagen Group members as well as to the public.

Reihe herausgegeben von/Edited by
Volkswagen Aktiengesellschaft
AutoUni
Brieffach 1231
D-38436 Wolfsburg
http://www.autouni.de

Weitere Bände in der Reihe http://www.springer.com/series/15136

Philipp Wellkamp

Prognosegüte von Crashberechnungen

Experimentelle und numerische Untersuchungen an Karosseriestrukturen

 Springer

Philipp Wellkamp
AutoUni
Wolfsburg, Deutschland

Zugl.: Dissertation, Helmut-Schmidt-Universität/Universität der Bundeswehr Hamburg, 2018

Die Ergebnisse, Meinungen und Schlüsse der im Rahmen der AutoUni – Schriftenreihe veröffentlichten Doktorarbeiten sind allein die der Doktorandinnen und Doktoranden.

AutoUni – Schriftenreihe
ISBN 978-3-658-24150-6   ISBN 978-3-658-24151-3   (eBook)
https://doi.org/10.1007/978-3-658-24151-3

Die Deutsche Nationalbibliothek verzeichnet diese Publikation in der Deutschen National-bibliografie; detaillierte bibliografische Daten sind im Internet über http://dnb.d-nb.de abrufbar.

Springer ist ein Imprint der eingetragenen Gesellschaft Springer Fachmedien Wiesbaden GmbH und ist ein Teil von Springer Nature
Die Anschrift der Gesellschaft ist: Abraham-Lincoln-Str. 46, 65189 Wiesbaden, Germany

Danksagung

Die vorliegende Arbeit entstand während meiner Tätigkeit in der Abteilung Berechnung Methoden der Volkswagen AG in Wolfsburg. An dieser Stelle möchte ich meinen besonderen Dank nachstehenden Personen entgegenbringen, ohne deren Mithilfe die Anfertigung dieser Arbeit niemals zustande gekommen wäre.

Mein ganz besonderer Dank gebührt meinem Doktorvater Prof. Dr. Martin Meywerk von der Helmut-Schmidt-Universität Hamburg für die wissenschaftliche Betreuung, die eingeräumten Freiräume und die konstruktive Kritik. Mein Dank gilt auch Herrn Prof. Dr. Matthias Kröger von der Technischen Universität Bergakademie Freiberg für die Übernahme des Koreferates.

Ganz außerordentlicher Dank gilt den betreuenden Personen der Fachabteilung Berechnung Methoden für ihre kritischen Betrachtungen, hilfreichen Anregungen und Durchsicht meiner Arbeit. Ferner danke ich meinen Vorgesetzten für die Bereitstellung der notwendigen Ressourcen, die zum Gelingen dieser Arbeit beigetragen haben. Des Weiteren möchte ich mich bei allen weiteren Mitarbeitern der Fachabteilung bedanken, die mir stets mit ihrem Wissen aus dem jeweiligen Fachgebiet zur Hilfe standen.

Philipp Wollkomp

Inhaltsverzeichnis

Abbildungsverzeichnis

Tabellenverzeichnis

Häufige verwendete Formelzeichen und Abkürzungen

Abkürzungen

CAD	Computer-Aided-Design
CAE	Computer-Aided-Engineering
CB	Crashbox
CFC	Channel Frequency Class
DOE	Design of Experiments
FE	Finite Elemente
FEM	Finite-Elemente-Methode
HSR	Hill-Stören-Rice
LT	Längsträger
RK	Rohkarosserie
Sim.	Simulation
V&V	Validierung & Verifikation
UQ	Uncertainty Quantification

Lateinische Notation

A	Oberfläche eines Körpers in der Ausgangskonfiguration
A'	Oberfläche eines Körpers in der Momentankonfiguration
$\mathbf{A}$	Verzerrungstensor
A_g	Gleichmaßdehnung
A_{30}	Bruchdehnung
a_0	Probendicke
a_1	Berechnungsparameter innerer Korridor
a	Beschleunigung
$\vec{a}$	Beschleunigungsvektor
a_k	Komponente des Beschleunigungsvektors
b_0	Probenbreite
b_1	Berechnungsparameter äußerer Korridor
B	Breite
B_{Form}	Bewertung der Kurvenform
B_{Niveau}	Bewertung des Kurvenniveaus
B_{Phase}	Bewertung der Phasenverschiebung
c_{Schall}	Wellenausbreitungsgeschwindigkeit
C_1	Bewertung aus dem Korridorverfahren
C_2	Bewertung aus dem Kreuzkorrelationsverfahren
c_i	Korridorbewertung je Zeitschritt
D	Grenzwert *HSR*-Versagen
$\mathrm{d}A$	Fläche eines Elements des Körpers in der Ausgangskonfiguration

$\mathrm{d}\vec{A}$	Flächenvektor in der Ausgangskonfiguration
$\mathrm{d}a$	Fläche eines Elements des Körpers in der Momentankonfiguration
$\mathrm{d}\vec{a}$	Flächenvektor in der Momentankonfigration
$\mathrm{d}S$	äußere Oberflächenkräfte in der Ausgangskonfiguration
$\mathrm{d}s$	äußere Oberflächenkräfte in der Momentankonfiguration
$\mathrm{d}F$	äußere Körperkräfte
$\mathrm{d}\vec{X}$	materieller Tangentenvektor
$\mathrm{d}\vec{x}$	räumlicher Tangentenvektor
$\vec{e}_k, \{\vec{e}_1, \vec{e}_2, \vec{e}_3\}$	Basisvektoren im kartesischen Koordinatensystem
E	Elastizitätsmodul
E_{kin}	kinetische Energie
f	physikalische Größe in der Kontinuumsmechanik
F	Kraft
$\mathbf{F}$	Deformationsgradient
F_a	äußere Kraft
$\vec{F}_a$	resultierende äußere Kraft
F_B	Biegekraft
F_c	Federkraft
F_i	innere Kraft
F_{max}	maximale Kraft
F_{mittel}	mittlere Kraft
F_N	Normalkraft
F_S	Scherkraft
F_x	Kraft in X-Richtung
g	Penetration
g_G	Gewichtungsfaktor Kurvenniveau
g_V	Gewichtungsfaktor Kurvenform
g_P	Gewichtungsfaktor Phasenverschiebung
I_n	innere Kräfte
k	Federsteifigkeit
k_n	Kontaktsteifigkeit
k_G	Berechnungsparameter Kurvenniveau
k_V	Berechnungsparameter Kurvenform
K_{xy}	Kreukorrelationsfaktor
$\vec{L}$	Drehimpuls
l_e	charakteristische Elementkantenlänge
l_{Restl}	Restlänge
M	Masse eines materiellen Volumens
$\vec{M}_a$	Drehmoment
m	Masse
m_c	Verschiebungsfaktor
$\vec{N}$	Normalenvektor in der Ausgangskonfiguration
$\vec{n}$	Normalenvektor in der Momentankonfiguration
P	materielles Teilchen in der Ausgangskonfiguration
P'	materielles Teilchen in der Momentankonfiguration
$\vec{p}$	Impuls
Q	Wärmemenge
R	Streuband

$R_{p0,2}$	Fließgrenze
R_m	Streckgrenze
s	Abstand
$\mathbf{S}$	1. Piola-Kirchhoff-Spannungstensor
$\vec{T}$	Spannungsvektor in der Ausgangskonfiguration
$\vec{t}$	Spannungsvektor in der Momentankonfiguration
t	Blechdicke
t	Zeit
t	Zeitpunkt der Konfiguration
$\vec{t}$	Spannungsvektor
Δt	Zeitschritt
t_0	Zeitpunkt der letzten Synchronisation
t_{Drift}	Drift der Aufnahmefrequenz
t_{th}	Grenzwert *Thinning*-Versagen
t_i	Zeitpunkt i der Bildsequenz
t_n	Zeitpunkt zur Berechnung der Verschiebungen
t_{krit}	kritischer Zeitschritt
t_{min}	Anfangszeitpunkt zur Berechnung des CORA-Ratings
t_{max}	Endzeitpunkt zur Berechnung des CORA-Ratings
t_{Ratio}	Verhältnis zur Aufnahmefrequenz zur Frequenz des Referenzsystems
$\mathbf{T}$	2. Piola-Kirchhoff-Spannungstensor
U	innere Energie
u	Verschiebung
$\vec{u}$	Verschiebungsvektor
u_n	Verschiebung des alten Zeitpunkts
v	Geschwindigkeit
$\vec{v}$	Geschwindigkeitsvektor
v_k	Komponente des Geschwindigkeitsvektors
v_0	Anfangsgeschwindigkeit
v_{Imp}	Impaktorgeschwindigkeit
v_{IST}	gemessene Schlittengeschwindigkeit
v_{SOLL}	Sollgeschwindigkeit des Schlittens
V	Volumen
W	Arbeit
Δx	Entfernung zwischen Feder und starrem Hindernis
$\overline{x}$	Mittelwert
$\vec{x}$	Ortsvektor der Momentankonfiguration
x_k	Koordinaten des Ortsvektors $\vec{x}$
$\vec{X}$	Ortsvektor in der Ausgangskonfiguration
X_k	Koordinaten in der Ausgangskonfiguration
Y_{norm}	maximale Amplitude der Versuchskurve

Griechische Notation

ϵ	Dehnung
ϵ_{el}	elastische Dehnung
ϵ_{ges}	Gesamtdehnung
$\varepsilon_{p1}, \varepsilon_{p2}$	Eigenwerte des plastischen Dehnungstensors
ε_{pmax}	Bruchdehnung
ϵ_{pl}	plastische Dehnung
ρ	Dichte
ρ_0	Dichte zum Zeitpunkt $t = 0$
σ	Spannung
σ_F	Fließgrenze
$\sigma_1, \sigma_2, \sigma_3$	Spannungen im Spannungsraum
σ_m	mittlere Spannung
σ_{el}	Streckgrenze
τ	Koordinatenlinien
ϕ	Aufprallwinkel

Abstrakt

Eine hohe Prognosegüte von Crashberechnungen ist eine wichtige Voraussetzung für deren stetig wachsenden Einsatz in der Karosserieauslegung. Auch wenn die Abbildungsgüte von Crashberechnungen mit Stahlstrukturen bereits ein hohes Niveau erreicht hat, ist eine kontinuierliche Verbesserung und Weiterentwicklung der Simulationen von höchster Bedeutung für die Fahrzeugentwicklung. Bisherige Untersuchungen zur Abbildungsgüte von Stahlstrukturen unter Crashbelastungen beschäftigen sich mit dem Deformationsverhalten idealisierter oder bauteilähnlicher Strukturen. Aus diesen Untersuchungen heraus lassen sich keine Rückschlüsse auf die Abbildungsgüte von Crashberechnungen mit Stahlstrukturen höherer geometrischer Komplexität bestehend aus verschiedenen Einzelteilen, Strukturelementen, Fügetechniken und Materialkombinationen ziehen.

Die vorliegende Arbeit zeigt einen Beitrag zur methodischen Analyse von gefügten Karosseriestrukturen aus Stahl. In diesem Rahmen werden experimentelle und numerische Untersuchungen an Stahlstrukturen höherer geometrischer Komplexität vorgenommen. Diese dienen zum einen dem Verständnis des Systemverhaltens und zum anderen der Bewertung und Verbesserung der Übereinstimmungsgüte zwischen Simulation und Versuch. Diese Abgleichuntersuchungen werden auf drei Komplexitätsebenen entlang der Validierungshierarchie durchgeführt: Bauteilebene, Komponentenebene und Gesamtsystemebene.

Der erste Teil der Arbeit beschäftigt sich mit dem Abgleich von Simulationen einer Crashbox unter quasi-statischen und dynamischen Lastfällen. Es wird gezeigt, in welchem Maße der verwendete FE-Code in der Lage ist, durch Reduzierung der Ungewissheit über das Modell die Abbildung des Deformationsverhaltens zu verbessern. Die Informationen aus technischen Vermessungen werden in der Berechnung berücksichtigt und die Einflüsse dieser Faktoren auf die Ergebnisse untersucht. Dabei stellt sich heraus, dass die Geometrieinformation aus photogrammetrischer Bauteilvermessung den größten Einfluss auf die Übereinstimmungsgüte mit den Versuchsergebnissen besitzt.

Im zweiten Teil der Arbeit folgen die Abgleichuntersuchungen an Längsträgersystemen. Auch auf dieser Strukturebene wird der Einfluss durch Berücksichtigung von Informationen aus der Bauteilcharakterisierung in dem Modell auf den Grad der Übereinstimmung mit den entsprechenden Versuchsvarianten dargestellt. Darüber hinaus wird im Rahmen von Parameterstudien das Spektrum möglicher Systemantworten durch Variation von steifigkeits- und festigkeitsrelevanten Modellparametern innerhalb einer möglichen Fertigungstoleranz untersucht.

Im dritten Teil der Arbeit, der sich mit der Abbildungsgüte von Crashsimulationen einer Rohkarosserie befasst, werden die Ergebnisse aus den ersten zwei Strukturebenen an einem geometrisch komplexen Gesamtsystem verifiziert. Aus diesen Ergebnissen heraus kann eine Prognosegüte von hoch-aufgelösten Simulationsmodellen von Karosserien aus Stahl abgeleitet werden. Die Studien zeigen die hohe Bedeutung von Ungewissheitsbetrachtungen von Modellparametern für die Auslegung der untersuchten physikalischen Systeme.

Schlagworte: FEM, Validierung, Ungewissheitsbetrachtung, Energieabsorption, Simulation

Abstract

A high quality forecast of crash calculations is an important requirement for its increasing use in bodywork construction. Even though the representation quality of crash calculations with steel structures has already reached a high level, continuous improvement and further development of simulations are extremely important for vehicle development.

Previous investigations regarding the representation quality of steel structures during a crash impact have focussed on the deformation behaviour of idealised or part-like structures. From these investigations it is not possible to draw any conclusions regarding the representation quality of crash calculations with more geometrically complex steel structures, comprising different individual parts, structural elements, joining technologies and combinations of materials.

This dissertation aims to provide a systematic analysis of joined steel bodywork. In this respect, experimental and numerical investigations will be conducted on more geometrically complex steel structures. Firstly, this will provide an insight into system behaviour, as well as evaluating and improving the quality of congruency between simulations and tests. These comparison investigations will be carried out at three levels of complexity in the validation hierarchy: part level, component level and overall system level.

The first part of this work looks at the comparison of simulations of a crash box under quasi-stationary and dynamic load conditions. It is illustrated, to what extent the implemented FE code is capable of improving the representation of deformation behaviour through reducing uncertainty regarding the model. Information from technical measurements are taken into consideration in the calculation and the influences of these factors on the results are investigated. Here, it is apparent that the geometric information from photogrammetric part measurement has the greatest influence on the quality of congruence with test results.

In the second part of this work, comparison investigations are carried out on side member systems. Also at this structural level, the influence on the level of congruence with the corresponding test variation is presented, through consideration of information from part categorisation in the model. Furthermore, within the scope of parameter studies, the spectrum of possible system responses is explored, through variation of rigidity and firmness relevant for model parameters within a possible production tolerance.

In the third part of this work, which deals with the representation quality of crash simulations of a body framework, the results are verified from the first two structural levels on a geometrically complex overall system. A forecast can be deduced from these results for high resolution simulation models of steel bodywork. The studies illustrate high importance of the view of uncertainty of model parameters for the design of the investigated physical systems.

Keywords: FEA, validation, uncertainty quantification, energy absorption, simulation

1 Einleitung

Der Fahrzeugentwicklungsprozess hat sich aufgrund des globalen Wettbewerbsdrucks und der zeit- und kundennahen Produktplatzierung in den vergangenen Jahrzehnten zunehmend verändert. Während sich die Anzahl der Automodelle in den vergangenen 20 Jahren nahezu verdoppelt hat, halbierte sich deren Lebenszyklus [KBA, 2016]. Aus diesem Grund geht es heute vor allem darum, Entwicklungsprozesse schneller, rationeller und effizienter zu gestalten. Der Trend zu immer kürzer werdenden Entwicklungszeiten wird sich weiter fortsetzen, um markt- und kundenspezifischen Anforderungen gerecht zu werden [Kramer, 2006].

Vor diesem Hintergrund nimmt der Einsatz computerbasierter Methoden – speziell von FEM-Berechnungen – stetig zu. Diese leisten einen wichtigen Beitrag zur Verbesserung und Beschleunigung der gesamten Entwicklungsabläufe, denn bereits in der Vorentwicklungsphase eines Kraftfahrzeuges muss anhand der geometrischen Vorgaben ein Optimierungsprozess zwischen Unfallverhalten, Masse, Innenraumakustik und Schwingungsverhalten gefunden werden [Gonter et al., 2005]. Schon in der Konzeptionsphase kann der Konstrukteur mit den vorgegebenen Eckdaten der grundsätzlichen Auslegung erste Berechnungen durchführen, die als Prinzipstudien allerdings noch keine quantifizierbaren Aussagen liefern. Sie ermöglichen jedoch den Bau von Prototypen, deren Sicherheitsverhalten gut vorausgesagt werden kann. In der späteren Entwicklungsphase werden dann wesentlich präzisere Aussagen sowohl im Zuge der Berechnung als auch anhand der Versuche erwartet.

Vor allem in der Karosserieauslegung hat sich die Crashberechnung als etabliertes Werkzeug zur Beurteilung der Crashsicherheit bei Verbraucherschutzlastfällen entwickelt. Abbildung 1.1 zeigt ein FE Modell eines Gesamtfahrzeugs, bei dem die Karosseriestruktur rot eingefärbt ist. Bei Crashlastfällen wie beispielsweise einem Frontaufprall wird die Energie nicht nur von den Karosseriebauteilen aufgenommen, sondern auch von umliegenden Komponenten wie beispielsweise dem Motor und von Anbauteilen wie der Frontverkleidung. Bei einem derart komplexen System, wie es das Gesamtfahrzeug darstellt, kommt es bei einem Crashvorgang zu Wechselwirkungen zwischen den Bauteilen. Somit ist es schwierig, Rückschlüsse von einer Gesamtfahrzeugberechnung auf die reine Karosseriestruktur hinsichtlich der Abbildungsgüte und Prognosefähigkeit zu ziehen. Aus dieser Motivation heraus werden in der vorliegenden Arbeit Komponentenversuche von Karosseriestrukturen durchgeführt, die dem Abgleich mit hochaufgelösten Simulationen dienen.

Abbildung 1.1: FE-Modell eines Gesamtfahrzeugs (rot: Karosseriestruktur)

© Springer Fachmedien Wiesbaden GmbH, ein Teil von Springer Nature 2019
P. Wellkamp, *Prognosegüte von Crashberechnungen*, AutoUni – Schriftenreihe 133,
https://doi.org/10.1007/978-3-658-24151-3_1

1.1 Zielsetzung und Gliederung der Arbeit

Vor allem mit Blick auf strengere Emissionsvorschriften und die daraus resultierende Leichtbaustrategie für Karosseriestrukturen ist eine hohe Genauigkeit der Simulationsergebnisse im Sinne einer realitätsnahen Abbildung der physikalischen Vorgänge essentiell, um die richtigen konstruktiven Lösungen ableiten zu können. Denn sollen die Vorteile des Einsatzes von FEM-Simulationen – wie eine schnelle und kostengünstige Auslegung – zum Tragen kommen, ist ein hohes Maß an Verlässlichkeit und Glaubwürdigkeit der Simulation erforderlich. Der Begriff Simulation geht hierbei mit dem der numerischen Berechnung einher und wird im theoretischen Teil genauer erläutert.

Eine Möglichkeit, die Geometrie und die Deformation einer Karosseriestruktur in der Simulation genauer abzubilden, ist eine feinere Diskretisierung. Die Anzahl der Elemente für ein Gesamtfahrzeugmodell ist in den letzten 20 Jahren exponentiell gestiegen [Feucht, 2010], [Du Bois und Clifford, 2015]. Während 1986 ein Crashmodell noch mit ca. 8 Tausend Elementen berechnet wurde, ist die Anzahl der Elemente für ein Gesamtfahrzeugmodelle auf mehr als 4 Millionen gestiegen (Abbildung 1.2). Dank der Fortschritte bei der Parallelisierung der Berechnungsprozesse und der Rechenkapazitäten können detailliert modellierte FEM-Modelle im industriellen Umfeld mit akzeptablen Rechenzeiten eingesetzt werden [Relou, 2000].

Diese Arbeit befasst sich mit der Fragestellung, welche weiteren Möglichkeiten es neben einer feineren Diskretisierung zur Erhöhung der Abbildungsgenauigkeit gibt. In diesem Zusammenhang wird untersucht, in welchem Maße die Abbildungsgüte von Crashberechnungen durch Reduzierung der Ungewissheit über die Übereinstimmung von dem Simulationsmodell und dem realen Fahrzeug, erhöht werden kann.

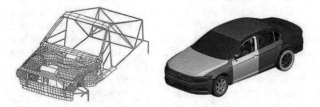

Abbildung 1.2: Simulationsmodell: Beispiel aus dem Jahr 1986 (links; aus: Haug et al. [1986]) und aus dem Jahr 2014 (rechts; PAMCRASH-Beispielmodell)

Ziel der vorliegenden Arbeit ist es, einen Beitrag zur methodischen Analyse von gefügten Karosseriestrukturen aus Stahl zu leisten. Dazu werden experimentelle und numerische Untersuchungen an Stahlstrukturen auf makroskopischer Ebene vorgenommen, die der Bewertung und Verbesserung der Übereinstimmungsgüte von Simulation und Versuch dienen. Diese Abgleichsuntersuchungen werden auf drei Komplexitätsebenen vollzogen: Bauteilebene, Komponentenebene und Gesamtsystemebene. Es finden entsprechend Versuche und Simulationen an Crashboxen[1], Längsträgersystemen und Karosserien statt (Abbildung 1.3). Zur Ermittlung der Abbildungsgüte werden Vergleiche von Deformationsbildern und charakteristischen Kurven verwendet. Auf der Basis der Untersuchungsergebnisse zu speziellen, bisher noch nicht validierten Lastfällen werden Aussagen über die

---

[1]In dieser Arbeit wird der Begriff Crashbox verwendet. Alternativ finden sich in der Literatur auch die Begriffe Pralltopf, Schock- und Energieabsorber sowie Deformationselement.

Prognosegüte von Stahlstrukturen in Gesamtfahrzeugberechnungen abgeleitet. Dabei werden die Verbesserungspotentiale auch unter dem Gesichtspunkt der wirtschaftlichen Anwendung in der Industrie geprüft. Es wird ein Vorgehen verfolgt, bei dem die durchgeführten Berechnungshypothesen verifiziert und anschließend Aussagen über eine Gesamtheit von Crashberechnungen unter bestimmten Randbedingungen abgeleitet werden.

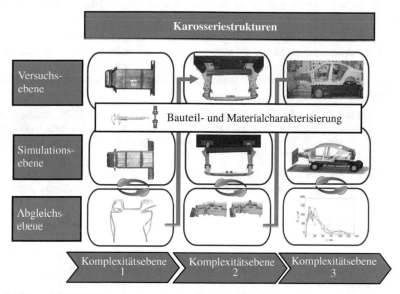

Abbildung 1.3: Methodik zum systematischen Versuchsabgleich von Crashberechnungen

Zu Beginn der vorliegenden Arbeit wird in das Thema *Prognosegüte von Crashberechnungen* mit einer Beschreibung des Begriffs *Sicherheit in der Fahrzeugentwicklung* eingeleitet. Dabei erfolgt eine Abgrenzung der aktiven und passiven Sicherheit. Um ein besseres Verständnis für die Crashanforderungen an die Karosseriestrukturen zu schaffen, werden einige verbraucherschutzrelevante Lastfälle vorgestellt. Im weiteren Verlauf der Einleitung werden die untersuchten Strukturen aus dem Vorderwagen eingeführt, die wesentlich für die Energieabsorption bei einem Crash sind.

Kapitel 2 geht auf den Stand der Technik mit Blick auf den Simulationsabgleich von Stahlstrukturen bei Impaktvorgängen ein. Hierfür werden die wesentlichen Erkenntnisse aus bereits durchgeführten Abgleichuntersuchungen mit Stahlstrukturen zusammengefasst. Darüber hinaus werden die Grundprinzipien aus dem Themengebiet Verifikation, Validierung und Ungewissheitsbetrachtung vorgestellt, die in den folgenden Kapiteln praktische Anwendung finden. Die theoretischen Grundlagen zum Verständnis dieser Arbeit werden im weiteren Verlauf des Kapitels behandelt. Neben Deformationsprinzipien von Stahlstrukturen betrifft dies die Grundlagen aus der Kontinuumsmechanik sowie der nichtlinearen Finite-Elemente-Berechnung. Darüber hinaus erfolgt eine Beschreibung des Werkstoffverhaltens der verwendeten Dualphasenstähle und deren Modellierung in der FEM.

Die Untersuchungen zum detaillierten Simulationsabgleich auf Bauteilebene an Crashboxen im quasi-statischen Bereich werden in Kapitel 3 vorgestellt. Die durchgeführten Versuche und entsprechenden Simulationen werden ausführlich beschrieben. Es wird untersucht, in welchem

Maße die Übereinstimmungsgüte gesteigert werden kann, wenn Informationen über das Bauteil und die Versuchsrandbedingungen vorhanden sind.

In Kapitel 4 folgt der Versuchsabgleich mit den Simulationen im dynamischen Bereich bei verschiedenen Lasteinleitungswinkeln. Hier wird ebenfalls untersucht, in welcher Güte das für langsamere Lastfälle validierte Modell mit der Bauteilcharakterisierung auch für schnellere Lastfälle herangezogen werden kann.

Kapitel 5 stellt die Ergebnisse der Abgleichuntersuchungen am Längsträgersystem vor. Nach Beschreibung der Versuche und grundlegenden Untersuchungen am Simulationsmodell wird gezeigt, inwieweit aus Messungen gewonnenes Wissen über den Versuchskörper und die Versuchsrandbedingungen die Abbildungsgüte der Simulationsergebnisse erhöht und welche Einflussfaktoren dabei am wichtigsten sind.

In Kapitel 6 werden die aus den Untersuchungen der vorangegangenen Kapitel gewonnenen Erkenntnisse durch den Abgleich mit Simulationen von Karosserien unter verschiedenen Lastfällen verifiziert. Dies erlaubt es, Rückschlüsse auf die Prognosefähigkeit von Crashberechnungen an gesamten Rohkarosserien zu ziehen.

Im letzten Kapitel 7 werden die Erkenntnisse aus dieser Arbeit zusammengefasst und diskutiert. Darüber hinaus wird ein Ausblick auf mögliche weitere Untersuchungen zu diesem Thema gegeben.

1.2 Zur passiven Sicherheit von Kraftfahrzeugen

Der Verkehr umfasst gleichermaßen die am Verkehr teilnehmenden Menschen sowie die Fahrzeuge und den Verkehrsraum. Die Verkehrssicherheit ist dementsprechend auf die Verkehrsteilnehmer, die Verkehrsmittel und die Verkehrswege ausgerichtet. Einschränkend dazu behandelt die Straßenverkehrssicherheit die Sicherheit des Straßenverkehrs und zielt dabei auf den Menschen, das Fahrzeug und die Umwelt ab. Nach Kramer [2006] werden die Maßnahmen zur Verbesserung der Straßenverkehrssicherheit folgendermaßen differenziert:

• unfallvermeidende Maßnahmen zur Herabsetzung der Unfallhäufigkeit,

• unfallfolgenmindernde Maßnahmen zur Begrenzung des zu erwartenden Schadens.

Die unfallvermeidenden Maßnahmen werden dem Bereich der aktiven Sicherheit und die unfallfolgenmindernden Maßnahmen dem Bereich der passiven Sicherheit zugeordnet. Die aktive Sicherheit wird vor allem durch elektronische Systeme beeinflusst, die einen Unfall verhindern können. Passive Sicherheitssysteme reduzieren hingegen bei einem Unfall das Verletzungsrisiko der Insassen.

Die Erhöhung der passiven Sicherheit ist eine Aufgabe der Crash- und Insassensimulation. Zu den wichtigsten passiven Sicherheitsmerkmalen heutiger Fahrzeuge gehören neben dem Gurtsystem die Airbags, die verformungssteife Fahrgastzelle sowie Deformationszonen in Front und Heck. Um die passive Sicherheit mit Hilfe von Simulationen beurteilen zu können, müssen also neben dem elasto-plastischen Verhalten des Fahrzeugs auch z. B. Rückhaltesysteme, Airbag und Dummy rechnerisch erfasst werden [Meywerk, 2007]. Das bedeutet, dass mehrere Wirkungsbereiche im Bereich der passiven Sicherheit betroffen sind. Die Handlungsprioritäten werden hauptsächlich aus der Unfallforschung abgeleitet. Anhand der Kenntnisse aus der Biomechanik werden Sicherheitsmaßnahmen für Fahrzeuge entwickelt, ausgelegt und im Versuch erprobt. Aussagen über die Wirkungsweise dieser Maßnahmen lassen sich auch mit Hilfe der rechnerischen Simulation treffen.

Crashtests am Gesamtfahrzeug

Während der Fahrzeugentwicklung werden verschiedene Crashlastfälle für die Auslegung der Karosseriestruktur berücksichtigt. Dies sind zum einen gesetzlich vorgeschriebene Crashtests und zum anderen Tests von Verbraucherschutzorganisationen oder Versicherungen. In Europa ist der wichtigste gesetzliche Test der Crashtest mit einer Anfangsgeschwindigkeit von v_0 = 56 km/h und 40 % Überdeckung gegen eine Barriere mit einem deformierbaren Element, die an einer starren Wand befestigt ist. In den USA wird mit $v_0 = 30\,mph \approx 48,3\,km/h$ und 100 % Überdeckung gegen eine starre Barriere getestet. Zusätzlich wird der gleiche Test gegen eine 30-Grad-Schräge links- und rechtsseitig durchgeführt. Abbildung 1.4 zeigt eine Auswahl der verbraucherschutzrelevanten Crashlastfälle aus Europa und den USA.

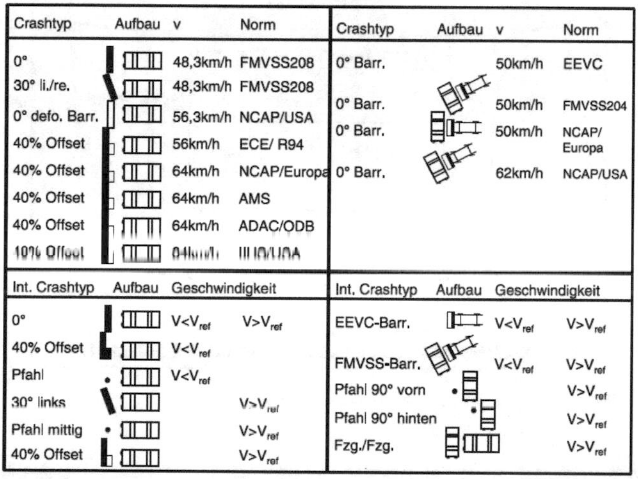

Crashtyp	Aufbau	v	Norm	Crashtyp	Aufbau	v	Norm
0°		48,3km/h	FMVSS208	0° Barr.		50km/h	EEVC
30° li./re.		48,3km/h	FMVSS208				
0° defo. Barr.		56,3km/h	NCAP/USA	0° Barr.		50km/h	FMVSS204
40% Offset		56km/h	ECE/ R94	0° Barr.		50km/h	NCAP/Europa
40% Offset		64km/h	NCAP/Europa				
40% Offset		64km/h	AMS	0° Barr.		62km/h	NCAP/USA
40% Offset		64km/h	ADAC/ODB				
10% Offset		64km/h	NCAP/USA				

Int. Crashtyp	Aufbau	Geschwindigkeit		Int. Crashtyp	Aufbau	Geschwindigkeit	
0°		V<Vref	V>Vref	EEVC-Barr.		V<Vref	V>Vref
40% Offset		V<Vref		FMVSS-Barr.		V<Vref	V>Vref
Pfahl		V<Vref		Pfahl 90° vorn			V>Vref
30° links			V>Vref	Pfahl 90° hinten			V>Vref
Pfahl mittig			V>Vref	Fzg./Fzg.			V>Vref
40% Offset			V>Vref				

Abbildung 1.4: Frontal- und Seitencrashtests (aus: Hübler [2001])

Die Verfahren zur Bestimmung der Rating-Anforderung dienen dem Ziel, die fahrzeugspezifische Sicherheit unterschiedlicher Marken und Modelle beurteilen und vergleichen zu können. Gleichzeitig werden auch die gesetzlichen Anforderungen weiter verschärft Kramer [2006]. In Europa haben sich die verschiedenen Verbraucherorganisationen in den letzten Jahren auf einheitliche Testbedingungen geeinigt. Der EURO-NCAP (**N**ew **C**ar **A**ssessment **P**rogram) wird mit einer Barrierengeschwindigkeit von v_0 = 64 km/h und 40 % Überdeckung durchgeführt. Neben dem US-NCAP-Test beeinflussen in den USA die FMVSS-Tests (Federal Motor Vehicle Safety Standards) die Entscheidung der Automobilkäufer. Wichtige Tests für das Rating sind der 0- und der 30-Grad-Lastfall mit einer Aufprallgeschwindigkeit von 48,3 km/h [Kröger, 2002]. **Energiedissipierende**

Bauteile und Strukturen

Für die Auslegung von Vorderwagenstrukturen ist die Kenntnis der Anteile der einzelnen Bauteile an der Energiedissipation notwendig. Abbildung 1.5 zeigt eine grobe beispielhafte Abschätzung der auf die Frontstrukturen verteilten Energieabsorption während eines Aufpralls mit einer Geschwindigkeit von 56 km/h gegen eine starre Barriere. Solche Abschätzungen basieren auf der Studie von Wittemann [1999]. Es wird ersichtlich, dass wichtige Bauteile für die Energieabsorption im

Frontcrash die vorderen Längsträger und Crashboxen sind. Diese nehmen bei dieser Versuchskonstellation etwa 50 % der eingeleiteten Energie auf. Das Frontend nimmt 10 % und der Motor 20 % der Aufprallenergie auf. Der Kotflügel und die Radkästen absorbieren jeweils 10 % der kinetischen Energie. Die im Fokus dieser Arbeit stehenden Frontstrukturen und Längsträger sind demzufolge wesentliche Strukturen zur Energieaufnahme beim Frontalaufprall. Sie können aufgrund ihrer komplexen Geometrien und Sickenstrukturen sowie ihrer speziellen Werkstoffe einen Großteil der eingeleiteten Energie definiert aufnehmen.

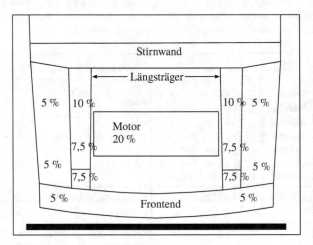

Abbildung 1.5: Anteil Energieaufnahme des Vorderwagens

An der Fahrzeugfrontstruktur ist eine Abfolge von Crashbauteilen realisiert. Beim Frontalaufprall werden nach diesem Konzept beginnend an der Fahrzeugfront nacheinander der Schaum des Stoßfängers, die Crashboxen sowie der vordere und hintere Teil des Längsträgers deformiert. Die für die Deformation nötige Kraft der einzelnen Komponenten nimmt zu, so dass zuerst die vorderen Bauteile deformiert werden. Bei kleinen Aufprallgeschwindigkeiten müssen nur die vorderen Bauteile ersetzt werden, so dass die Reparaturkosten niedrig bleiben.

Der Querträger hat die Aufgabe, bei der Kollision die Kräfte in die Längsträger einzuleiten. Bei schadensfreien Kollisionen ist der Querträger durch elastische Verformungen an der Energieaufnahme beteiligt. Zusätzlich kann er durch plastische Deformation Energie aufnehmen. Zwischen dem Querträger und den Längsträgern befinden sich die Crashboxen. Sie sind oft für den Versicherungslastfall mit $v_0 = 15$ km/h optimiert und werden durch plastische Energieaufnahme irreversibel deformiert [Kröger, 2002]. Im Fahrzeugaufbau folgt nach der Crashbox der Längsträger. Er stützt sich am Fahrzeug an verschiedenen Bauteilen ab; im Wesentlichen sind dies die Stirnwand, die A-Säulen, die Schweller und die Bodengruppe. Diese Bauteile bilden die Trägerstruktur der Fahrgastzelle, die als Überlebensraum dient und nur wenig deformiert werden darf [Rathje et al., 1993].

2 Stand der Technik und theoretische Grundlagen

2.1 Simulationsabgleich von Stahlstrukturen

Die realitätsnahe Abbildung der Deformation von Stahlstrukturen ist Voraussetzung für deren Einsatz in der Karosserieauslegung. In diesem Zusammenhang liegen eine Vielzahl von Arbeiten vor, die sich mit dem Abgleich numerischer Simulationen von Stählen mit unterschiedlichen Güten bei Impaktvorgängen und den korrespondierenden Versuchen beschäftigen. Es werden Simulationsabgleiche mit idealisierten Beispielen wie Hutprofilen, Vierkantprofilen oder anderen dünnwandigen Stahlprofilen dieser Art dargestellt.

Die Arbeiten von Huh und Kang [2002] sowie Oscar und Eduardo [2008] sind dem Vergleich von Experiment und Simulation für hochfeste Stahlstrukturen unter axialer Belastung im quasi-statischen und im dynamischen Bereich gewidmet. Die Untersuchungen ergeben hinsichtlich des Deformationsverhaltens und der Kraft-Weg-Verläufe eine hohe Übereinstimmung von Experiment und Simulation. Abbildung 2.1 zeigt einen Vergleich der Kraftverläufe und Deformationsmodi zwischen Simulation und Versuch bei einem langsamen Lastfall mit hoher Übereinstimmung [Eichmueller und Meywerk 2012b].

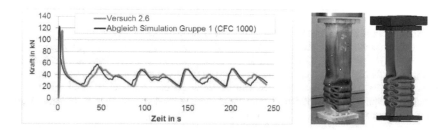

Abbildung 2.1: Vergleich der Kraftverläufe und Deformationsmodi zwischen Simulation und Versuch (aus: Eichmueller und Meywerk [2012b])

In der Untersuchung von Tarigopula et al. [2006] liegt der Fokus auf dem Crashverhalten von Profilen aus Dualphasenstahl. Es werden die Deformationscharakteristika von punktgeschweißten Hutprofilen und Vierkantprofilen sowohl unter quasi-statischer als auch dynamischer axialer Belastung untersucht. Auch hier liegt eine hohe Übereinstimmung mit den entsprechend ausgeführten Simulationen vor, so dass mit dem validierten Modell weitere Effekte auf die Energieabsorption durch eine Variation der Materialeigenschaften, Blechdicken und Impaktorgeschwindigkeiten numerisch untersucht werden können.

Fan et al. [2013], Otubushin [1998] und Aljawi et al. [2004] untersuchen die spezifische Energieabsorption und das Deformationsverhalten dünnwandiger Profile aus weichem Stahl mit Hilfe von FE-Simulationen. Die FE-Modelle werden zunächst mit entsprechenden Experimenten validiert.

© Springer Fachmedien Wiesbaden GmbH, ein Teil von Springer Nature 2019
P. Wellkamp, *Prognosegüte von Crashberechnungen*, AutoUni – Schriftenreihe 133,
https://doi.org/10.1007/978-3-658-24151-3_2

Die Energieabsorption und das Deformationsverhalten kann in hoher Genauigkeit prognostiziert werden. In den Arbeiten sind hohe Übereinstimmungen mit den Versuchsergebnissen hinsichtlich Kraft-Weg-Verläufen als auch Deformationsbilder festzustellen, so dass die Aussagen auf Basis weiterführender Simulationsergebnisse mit den validierten Modellen belastbar sind.

Besonders hervorzuheben ist auch die Arbeit von Yamashita et al. [2003], in der eine numerische Studie über das Deformationsverhalten von verschiedenen Hutprofilen aus unterschiedlichen Stahllegierungen unter axialer Druckbelastung durchgeführt wird. Die Autoren analysieren das Faltverhalten eines Hutprofils in Abhängigkeit des Gewichts sowie unterschiedlich komplexer Formen der Querschnitte als auch der Imperfektionen. Die numerischen Berechnungen werden mit den Daten aus den Experimenten verglichen. Dabei stimmen die vorhergesagten Kraftverläufe vor allem für die Profile aus hochfestem Stahl in hoher Güte überein. Die Unterschiede in den Kraftverläufen aufgrund der variierenden Komplexität der Querschnittsformen werden in der Simulation ebenfalls zufriedenstellend dargestellt. Auch Reddy et al. [2015] zeigen einen Vergleich der Ergebnisse aus Theorie, Simulation und Experiment am Beispiel verschiedener Querschnittsformen unter quasi-statischen und dynamischen axialen Belastungen. Dabei zeigt sich eine erstaunlich hohe Übereinstimmung der Kraft-Weg-Verläufe und der Faltenbildung.

Die experimentellen und numerischen Studien von axial belasteten Profilen aus hochfestem Stahl von Peixinho et al. [2003a] belegen ebenfalls die hohe Genauigkeit in der Vorhersage der Simulation solcher Werkstoffe. Zudem zeigt die Studie die große Bedeutung von gut erhobenen Koeffizienten des Materialmodells für eine gute Übereinstimmungsgüte mit Experimenten. Voraussetzung dafür ist eine Parameteranpassung anhand der Ergebnisse aus Material- respektive Zugversuchen. An diesem Beispiel wird demonstriert, dass sich mit dem kalibrierten[1] Modell eine deutliche Verbesserung der Simulationsergebnisse erreichen lässt. Die hohe Bedeutung der Materialkartenkalibrierung für eine realistische Abbildung des Deformationsverhalten von Stahlstrukturen wird u.a. bereits in den Studien von Peixinho et al. [2003b] und Jones [1993] unterstützt. Abedrabbo et al. [2009] und Zhang et al. [2015] untersuchen in ihren Arbeiten das Crashverhalten von hochfesten Stahlrohren unter axialer Belastung mittels der FEM. Der Vergleich der experimentellen Ergebnisse mit der Simulation zeigt, dass die FEM-Berechnung den Unterschied in den Kraft-Weg-Verläufen aufgrund der Effekte aus dem Umformprozess in hoher Güte abbildet.

In weiterführenden Arbeiten wird der Einfluss von Parametervariationen auf die Simulationser-gebnisse in Abgleich mit Versuchsergebnissen betrachtet. Fyllingen et al. [2008a] untersuchen Hutprofile aus Dualphasenstahl unter axialer Druckbeanspruchung in Simulation und Experiment. Dabei werden gemessene Geometrieinformationen, Wanddickenvariationen und die Variation der Materialeigenschaften berücksichtigt. Die Simulationen basieren auf den Experimenten, die von Fyllingen et al. [2008b] durchgeführt wurden. Es wird der Einfluss infolge der Bauteil-charakterisierung analysiert. Dabei zeigt sich, dass die Effekte bei einer Berücksichtigung der gemessenen Geometrieinformation am größten sind. Darüber hinaus beeinflussen auch die Wand-dickenvariationen und die Variation der Materialeigenschaften die Ergebnisse im Vergleich zum nominalen Modell deutlich. Ein Großteil der Auswirkungen, die durch Abweichungen in den Bauteileigenschaften bedingt sind und sich in den Experimenten beobachten lassen, werden auch in der Simulation abgebildet.

Der signifikante Einfluss durch Berücksichtigung von anfänglichen Imperfektionen des Un-tersuchungsgegenstandes bei Impaktbelastungen in den Simulationsergebnissen und die damit einhergehende Verbesserung der Abbildungsgüte wird auch in weiteren Arbeiten bestätigt. So wird

---

[1]In der FEM versteht man unter Kalibrierung die Anpassung von Modellparametern (z.B. freie Parameter eines Materialmodells) auf Basis von Versuchsdaten (z.B. Zugversuche)

von Xue et al. [2013] herausgearbeitet, dass sich das dynamische progressive Faltenbeulen von Vierkantrohren unter axialer Belastung hinsichtlich geometrischer Imperfektionen sensitiv verhält. Die Berechnungsergebnisse weisen auf, dass Abweichungen in den Wanddicken keinen signifikanten Einfluss auf den Deformationsmodus haben, während die geometrischen Abweichungen in den Flanken der Vierkantrohre einen großen Einfluss auf den Modus ausüben. Diese Aussage wird von Eichmueller und Meywerk [2012a], die ebenfalls den Geometrieeinfluss auf das Faltenbeulen von Vierkantrohren bei Stauchvorgängen untersucht haben, bekräftigt. Hier wird darüber hinaus dargelegt, dass geeignet aufgebaute FEM-Modelle in der Lage sind, reale Versuchsergebnisse mit Blick auf die Ergebnisvariation wiederholter Versuche mit guter Genauigkeit abzubilden. In der weiterführenden Studie von Wellkamp et al. [2014] wird gezeigt, dass sich diese Methodik auch auf eine kompliziertere Geometrie in Form einer Crashbox bei schnellen Lastfällen übertragen lässt. Auf diesen Ergebnissen bauen die Untersuchungen der vorliegenden Arbeit mit komplexeren Strukturen auf.

In Zusammenhang mit dem Simulationsabgleich geometrisch komplexerer Strukturen seien noch die Arbeiten von Kokkula et al. [2006] und Kokkula [2005] erwähnt. Hier wird ein System, das aus Querträger und Längsträger besteht, einem Aufprall mit 40 % Überlappung der Barriere unterzogen und sowohl simulativ als auch experimentell erforscht. Die Untersuchungsgegenstände sind extrudierte Aluminiumprofile ohne Sickenstrukturen. Ein Vergleich der Kraft-Zeit-Verläufe zeigt noch Verbesserungspotential in der Übereinstimmung. Die Deformationsformen werden ebenfalls hinsichtlich des Faltenbeulens im vorderen Bereich des Längsträgers und des Knickverhaltens einschließlich des Versagens im Querträger miteinander verglichen. Die Versagensmodi zeigen teilweise eine vergleichbare Ausprägung. Jedoch wird das Faltenbeulen in diesem System noch nicht zufriedenstellend abgebildet.

Die Arbeit von Xu und Wang [2016] beschäftigt sich ebenfalls mit geometrisch komplexeren Stahlstrukturen. Es werden dünnwandige Hutprofile mit unterschiedlichen Blechdickensegmenten (*tailor-welded blanks*) aus hochfestem Stahl hinsichtlich des Deformationsverhaltens unter dynamischen axialen Belastungen sowohl experimentell als auch numerisch analysiert. Die Versuchsergebnisse werden zunächst mit den Simulationsergebnissen verglichen. Als Basis zur Bewertung der Übereinstimmung dienen die Verformungsbilder zu unterschiedlichen Zeitpunkten der Deformation. Die Abbildungsgüte des Simulationsmodells erweist sich als angemessen, so dass im weiteren Verlauf dieser Studie die Untersuchungen zur Bewertung des Crashverhaltens der Hutprofile hinsichtlich der Material- und Dickeneigenschaften der einzelnen Segmente und die Ergebnisse aus den numerischen Berechnungen herangezogen werden.

Xu et al. [2016] untersuchen das Crashverhalten einer energieabsorbierenden Struktur, die aus Vierkantprofilen und Querbalken aus Stahl für Untergrundbahnen besteht. Zu diesem Zweck werden zunächst die Simulationsergebnisse mit den Ergebnissen aus dem physikalischen Rollwagenversuch verifiziert. Auch hier zeigt sich eine hohe Korrespondenz zwischen Versuch und Simulation, so dass dieses validierte Modell für weitere numerische Parameterstudien und Strukturoptimierungen angewendet werden kann.

Nach Durchsicht der Literatur lässt sich festhalten, dass sich zahlreiche Arbeiten mit dem Simulationsabgleich von idealisierten, dünnwandigen Stahlstrukturen wie beispielweise Vierkantrohre oder Hutprofile beschäftigen. Die Übereinstimmungsgüte der Ergebnisse aus numerischen Berechnungen und den Experimenten ist bei diesen Strukturen bereits auf einem hohen Niveau hinsichtlich Abbildung des Deformationsverhaltens und charakteristischer Kurvenverläufe. Im Bereich des Simulationsabgleichs von geometrisch komplexeren Stahlstrukturen, die von bauteilähnlicher Beschaffenheit sind, besteht noch weiterer Forschungsbedarf. Damit sind fahrzeugnahe

Strukturen gemeint, die aus verschiedenen Einzelteilen bestehen und Strukturelemente wie Sicken und Löcher sowie verschiedene Fügetechniken und Materialkombinationen enthalten. Genau an derartigen Strukturen werden die experimentellen und numerischen Untersuchungen dieser Arbeit durchgeführt. Dabei soll zunächst die Abbildungsgüte des realen Deformationsverhaltens solcher Strukturen mit dem FE-Code PAM-CRASH ermittelt werden, um anschließend Möglichkeiten einer Verbesserung der Simulationsergebnisse zu finden.

2.2 Verifikation, Validierung und Ungewissheitsbetrachtungen

Verifikation und Validierung (V&V) von Simulationen

Das Themengebiet Verifikation, Validierung und Ungewissheitsbetrachtungen wird mit der Definitionen des Wortes Simulation eingeleitet. Die Bedeutung dieses Ausdrucks bezogen auf diese Arbeit geht einher mit den folgenden Definitionen aus der Wissenschaftstheorie. Zunächst ist Humphreys [1991] zu zitieren, der die Simulation als „jede Computer-implementierte Methode zur Erforschung der Eigenschaften mathematischer Modelle, wo analytische Methoden nicht verfügbar sind" beschreibt. Hartmann [1991] bietet eine allgemeinere Begriffsbestimmung an, indem er das wesentliche Merkmal einer Simulation darin beschreibt, dass diese Wissenschaftler erlaube, einen Prozess durch einen anderen Prozess zu imitieren. In dieser Definition bezieht sich der Ausdruck „Prozess" ausschließlich auf die zeitliche Folge von Zuständen eines Systems. Simulationen basieren auf Modellen, die zwischen Theorie und Realität angeordnet sind und häufig eine vermittelnde Rolle besitzen. [Grüne-Yanoff und Weirich, 2010]. Nach Kleindorfer et al. [1998] bedeutet „simulieren" das Gleiche wie „Ähnlichkeit zu schaffen". Wenn diese Ähnlichkeit gegeben ist, stellt sich die Frage der Genauigkeit der Abbildung eines realen Systems.

Verifikation und Validierung (V&V) wird als Prozess der Steigerung des Vertrauens in ein Modell betrachtet und nicht als Beweis absoluter Genauigkeit [Robinson, 1997]. In dieser Arbeit werden die AIAA[2]- Definitionen verwendet [AIAA, 1998]: Der Begriff Verifikation bezeichnet den Prozess einer Prüfung der Richtigkeit von numerisch-mathematischen Lösungen im FE-Code – also die richtige Erstellung des Modells. Die Validierung hingegen ist jener Prozess, in dem sichergestellt wird, dass das Modell eine ausreichende Genauigkeit im Hinblick auf das Anwendungsziel besitzt – also die Erstellung des richtigen Modells.

Wie in der Einleitung erwähnt, wird die in dieser Arbeit angewendete Methodik zum systematischen Simulationsabgleich auf drei Komplexitätsebenen durchgeführt: Bauteil-, Komponenten- und Systemebene. Auf diesen drei Ebenen folgt die Validierung jeweils dem in Abbildung 2.2 dargestellten Prozess (nach: Sargent [2009]). Dieser Prozess wird im Folgenden am Beispiel der Crashbox betrachtet.

Die reale Problemstellung ist das zu untersuchende System, in diesem Fall die Deformation der Crashbox. Diese wird durch die obere Entität in dem Ablauf dargestellt (Abbildung 2.2 (1)). Grundsätzlich wird der gesamte Validierungsprozess in drei Subprozesse gegliedert: Konzept-validierung, Verifikation und Modellvalidierung. Das Konzeptmodell wird in einer Phase der Analyse und Konzepterstellung entwickelt. Die Konzeptvalidierung dient der Sicherstellung, dass die angenommenen und im Simulationsmodell angewendeten Theorien und Konzeptmodelle der Realität entsprechen und physikalische Phänomene sinnvoll für den Anwendungsfall abbilden. Ein Beispiel für Konzeptmodelle ist die hier durch das Quad- und Tria-Element skizziert dargestellte Wahl der Elementformulierung (Abbildung 2.2 (2)). Ein anderes Beispiel für Konzeptmodelle

---

[2]American Institute of Aeronautics and Astronautics

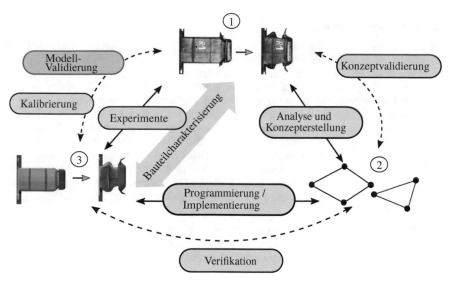

Abbildung 2.2. Vereinfachte Form des Validierungsprozesses (aus: Sargent [2009], ins Deutsche übersetzt)

ist etwa die Berücksichtigung von Dehnratenabhängigkeiten und Umformeffekten. Anschließend folgt der Vorgang der Verifikation der konzeptionellen Beschreibung. Hierbei wird verifiziert, ob die physikalischen Phänomene durch die Programmierung richtig in den FE-Code implementiert worden sind.

Aus der Perspektive des Ingenieurs, also aus Anwendungssicht, ist die Korrespondenz zwischen Versuch und Simulation von Interesse. Das Prüfen der Übereinstimmung der Simulationsergebnisse mit den Ergebnissen der realen Experimente wird als Modellvalidierung bezeichnet. Hierbei kommt es zu einer Bewertung der Verlässlichkeit und Glaubwürdigkeit des Simulationsmodells (Abbildung 2.2 (3)) auf Basis der Übereinstimmungsgüte mit dem realen Verhalten. In diesem Zusammenhang ist es wichtig, die Experimente so zu konzipieren, dass die Validierungsdomäne möglichst vollständig die Anwendungsdomäne umfasst, um Extrapolationen zu vermeiden. Die Simulation erfolgt hierbei vor den Experimenten. Betrachtet man die Ergebnisse aus der Simulation als Behauptung oder Hypothese wird diese mit Hilfe der Experimente verifiziert oder falsifiziert. Als Teilprozess der Validierung ist die Kalibrierung bzw. der Abgleich zu erwähnen. In diesem iterativen Prozess werden Modellparameter angepasst, um die Realität möglichst genau abzubilden. Anschließend wird das Modell für andere Lastfälle oder als Submodell eines Modells höherer Komplexität validiert.

Der Fokus der vorliegenden Arbeit liegt auf der Konzept- und Modellvalidierung. Das Konzeptmodell wird durch Berücksichtigung der Informationen aus der Bauteilcharakterisierung verändert und das Simulationsmodell im Hinblick auf die Übereinstimmung mit den Ergebnissen aus den Experimenten validiert.

Ungewissheitsbetrachtungen

Die Bewertung der Prognosegüte eines Simulationsmodells und die damit einhergehende Ungewissheitsbetrachtung ist eine wichtige Voraussetzung, um zuverlässige Berechnungsvorhersagen
erstellen zu können. Nur wenn es möglich ist, mittels numerischer Simulation vorherzusagen,
wie sich ein Bauteil unter gegebener Belastung verformt und ob es eventuell versagt, ist diese
Simulation in sinnvoller Weise einzusetzen. Die Prognosefähigkeit einer numerischen Simulation
beinhaltet jedoch nie vollkommen exakte Vorhersagen der realen, physikalischen Abläufe. Erreicht
werden kann nur eine annäherungsweise exakte Antwort, die beliebig nahe an der Realität liegt,
jedoch nie vollkommen mit dieser übereinstimmt. Dies liegt auch am Charakter der Numerik
selbst. Um die Qualität einer numerischen Lösung einschätzen zu können, muss der auslegende
Ingenieur daher den Grad der Näherung und der Ungewissheit kennen. Hiermaier [2003] unterteilt
diese Näherungen und Ungewissheiten in drei Ebenen: 1) Idealisierung der Strukturgeometrie und
der Lastaufbringung, 2) Formulierung beschreibender Gleichungen und 3) Diskretisierung der
Gleichungen.

Die Analyse der Ursachen und Konsequenzen von Ungewissheiten im FE-Modell ist essentiell
für die Validierung, um Vertrauen in die Simulation zu schaffen. Da Ungewissheitsbetrachtungen
in Zusammenhang mit Validierungen einen wesentlichen Untersuchungsaspekt dieser Arbeit
darstellen, soll in diesem Kapitel eine Zusammenfassung aus der Literatur gegeben werden. Dabei
werden grundlegende Studien zu diesem Themengebiet von Hanson und Hemez [2003], Hemez
[2004], Hemez et al. [2007] und Wojtkiewicz et al. [2001] betrachtet.

Bevor auf die Voraussetzungen für verlässliche Simulationsmodelle eingegangen wird, gilt es, in
diesem Abschnitt eine kurze Begriffserklärung vorzunehmen. In der englischen Literatur spricht
man bei dieser Thematik von *Uncertainty Quantification (UQ)*. Das englische Wort *uncertainty* lässt
sich mit Ungewissheit oder auch mit Unsicherheit übersetzen. In diesem Kontext wird auch häufig
der Begriff *variability* verwendet. Gottschalk-Mazouz [2003] beschreibt den Begriff *variability* als
die Variation einer Größe über verschiedene Elemente einer Klasse (etwa die Wanddicken von
Vierkantrohren einer Untersuchungsreihe). In Abgrenzung dazu steht die Ungewissheit bezüglich
der Größe eines bestimmten Elements dieser Klasse (also etwa die Messgenauigkeit, mit der die
Wanddickenverteilung eines Vierkantrohrs gemessen werden kann).

Ungewissheitsbetrachtungen sind nach Booker [2004] „der Prozess der Charakterisierung, Abschätzung und Analyse von verschiedenen Arten der Ungewissheit (und Variabilität) für komplexe
Entscheidungsprobleme. Für komplexe Computermodelle und physikalische Modelle bezieht
sich der Begriff hauptsächlich auf die Ungewissheiten in Messungen, in der Berechnung, in den
Eingangsparametern und in der Modellierung [...]. Ungewissheitsbetrachtung ist ein Beurteilungs-
prozess und eine Bewertungsarbeit ".

Durch die Validierung wird Glaubwürdigkeit von Simulationsergebnissen erzeugt. Hemez [2004]
argumentiert, dass diese Glaubwürdigkeit drei wesentliche Komponenten umfassen muss: 1) die
Glaubwürdigkeit der Vorhersage von Versuchsergebnissen; 2) die Robustheit der Prognosen bei
Schwankungen von Eingangsgrößen, Ungewissheit und fehlendem Wissen über das Bauteil und 3)
die Vorhersagegenauigkeit von Modellen, für die keine Messdaten vorliegen. Wojtkiewicz et al.
[2001] ergänzen hierzu, dass bei numerischen Berechnungen sowohl Ungewissheiten über die
physikalischen Eigenschaften des Untersuchungsgegenstands als auch über die Anfangs- und Randbedingungen der Umgebung vorliegen. Es ist weitgehend akzeptiert, dass für physikalische Systeme
die Ergebnisse aus deterministischen Analysen nicht ausreichend sind, um das Antwortverhalten
des Systems sinnvoll und in ausreichendem Umfang beschreiben zu können. Daher besteht die
Notwendigkeit, geeignete Methoden wie stochastische Analysen anzuwenden, um Effekte infolge

streuender Eingangsgrößen des Modells zu untersuchen wie es in der Arbeit von Marczyk [1997] für verschiedene CAE-Disziplinen bzw. technische Anwendungsfälle unternommen wird.

Reale physikalische Systeme beinhalten sowohl systematische als auch zufällige Abweichungen gegenüber einem idealisierten, numerischen Modell. Die zufälligen Abweichungen können vielseitig sein – beispielsweise Variationen in der Geometrie (Imperfektionen durch das Herstellungsverfahren), den Materialeigenschaften (E-Moduli und Fließkurven) oder den Rand- und Anfangsbedingungen (Umgebungstemperatur und Impaktorgeschwindigkeiten). In der Realität existieren daher immer Unterschiede von System zu System. Das bedeutet, dass die Untersuchungsgegenstände und ihre Umwelt nie exakt die gleichen Eigenschaften besitzen. Für eine ausführlichere Darstellung möglicher Quellen von Ungewissheit und Fehlern in den Computermodellen sei an dieser Stelle auf die Arbeit von Alvin et al. [1996] verwiesen. Diese möglichen Quellen der Ungewissheit von Simulationsvorhersagen werden von Hanson und Hemez [2003] folgendermaßen kategorisiert:

• Ungewissheit in den mathematischen Modellen

• Ungewissheit in den Materialmodellen

• Numerische Streuung

• Ungewissheit in den Anfangs-und Randbedingungen

Nach Frey und Rhodes [1999] und Wojtkiewicz et al. [2001] entsteht Ungewissheit aufgrund mangelnden Wissens über den wahren Wert einer Größe oder die wahre Verteilung einer Variabilität. In diesem Zusammenhang findet man in der Literatur die Differenzierung in aleatorische Ungewissheit[3], die als inhärent und nicht reduzierbar betrachtet wird, und epistemische Ungewissheit[4], die aus unvollständigem Wissen resultiert und prinzipiell reduziert werden kann [Trucano, 2000].

Die epistemische Ungewissheit ist durch technische Bauteilvermessungen wie Geometrie- und Wanddickenvermessungen sowie Messungen der Materialeigenschaften im Rahmen der Messtoleranz reduzierbar. Diese ist somit abhängig vom aktuell technologischen Stand der Messtechnik. Die nicht reduzierbare aleatorische Ungewissheit von Modellparametern kann nicht vollständig erfasst werden. Diese Ungewissheiten der Eingangsgrößen drückt sich als Unsicherheit in den Simulationsergebnissen aus. Im Einzelfall muss die Sensitivität eines Struktursystems untersucht werden, um den Einfluss einzelner schwankender Parameter zu identifizieren. Um diese im Simulationsmodell zu berücksichtigen, gibt es die Möglichkeit, statistische Verteilungsfunktionen zu verwenden. Der erste Schritt der Ungewissheitsbetrachtung ist die Charakterisierung von Ungewissheiten in den Systemparametern. Dieser Vorgang beinhaltet die Berücksichtigung beider Arten von Ungewissheit, wobei sie sich in den meisten Fällen nicht klar voneinander abgrenzen lassen. Der nächste Schritt besteht in dem Übertragen von Ungewissheiten auf komplexere Simulationsmodelle. Nach den Untersuchungen von Hanson und Hemez [2003] ist die traditionelle Anwendung von statistischen Verteilungsfunktionen zur Berücksichtigung der Parametervariabilität die einzig gut etablierte und sinnvolle Methodik, Ungewissheiten im Modell zu berücksichtigen.

Im Zusammenhang mit der Thematik Validierung und Ungewissheit über das zu untersuchende System beschäftigt sich diese Arbeit zum einen mit der Forschungsfrage, inwiefern das aus technischen Vermessungen gewonnene Wissen über den gegebenen Untersuchungsgegenstand – also die Reduzierung der epistemischen Ungewissheit – die Abbildungsgüte von Simulationen erhöhen

---

[3]Von alea, lat. „Würfel ".
[4]Von epistéme, griech. „ Wissen ".

kann und zum anderen welches Systemverhalten durch Berücksichtigung der Parametervariabilität zu erwarten ist.

2.3 Kontinuumsmechanische Grundlagen

Für die Betrachtung nichtlinearer, kontinuumsmechanischer Problemstellungen bezogen auf Festkörper soll in diesem Kapitel ein kurzer Überblick über die in der vorliegenden Arbeit auftretenden kontinuumsmechanischen Größen und Bilanzgleichungen für isotrope, homogene Körper gegeben werden. Die hier getroffene Auswahl an Erläuterungen ist ein Extrakt aus Ulbricht [1997] mit Ergänzungen aus Altenbach [2012] und Haupt [2002]. Für weitere ausführlichere Darstellungen und Herleitungen sei auf die umfassenden Ausführungen von Bonet und Wood [2008] sowie Betten [2001] verwiesen.

2.3.1 Kinematische Größen

Die Kinematik beschäftigt sich mit der Beschreibung der Bewegung und Deformation von Körpern oder einem mechanischen System. Dabei werden die Ursachen für Bewegungen bzw. Bewegungsänderungen nicht betrachtet. Die Bewegung eines Körpers kann als zeitliche Abfolge unterschiedlicher Konfigurationen[5] betrachtet werden. Die zum Zeitpunkt $t = 0$ zugeordnete Konfiguration ist die Ausgangskonfiguration (Abbildung 2.3). Der Körper befindet sich in seinem Ausgangszustand (Volumen V, Oberfläche A). Die Konfiguration des aktuellen Zeitpunkts t bezeichnet man als Momentankonfiguration. Die Abbildung stellt die unterschiedlichen Konfigurationen eines materiellen Körpers im kartesischen Koordinatensystem mit den orthogonal aufeinanderstehenden Basisvektoren $\vec{e}_K = \{\vec{e}_1, \vec{e}_2, \vec{e}_3\}$ und den Koordinaten X_K dar. Die Identifizierung eines bestimmten Teilchens erfolgt durch den Ortsvektor:

$$\vec{X} = X_K \vec{e}_K \quad . \tag{2.1}$$

Dabei gilt als vereinbart, dass in einem Ausdruck über doppelt auftretende Indizes generell von 1 bis 3 summiert wird (EINSTEINISCHE Summenkonvention). Die Koordinaten X_K des materiellen Teilchens ändern sich mit der Bewegung nicht, sie sind zeitunabhängig. Zu einem beliebigen Zeitpunkt $t > 0$ hat sich der Körper gegenüber dem Ausgangszustand verformt und liegt in der Momentankonfiguration (Volumen V', Oberfläche A') vor. Zur Beschreibung der Momentankonfiguration dient der Ortsvektor $\vec{x}$ mit den Koordinaten x_k:

$$\vec{x} = x_k \vec{e}_k \quad . \tag{2.2}$$

Zu jedem Zeitpunkt kann mit den Funktionen

$$\vec{x} = \vec{x}\left(\vec{X}, t\right) \quad , \quad x_k = x_k\left(X, t\right) \tag{2.3}$$

---

[5]Nach Altenbach [2012] wird Konfiguration als stetig differenzierbare und zu jedem Zeitpunkt umkehrbare eindeutige Zuordnung materieller Punkte zu Ortsvektoren definiert.

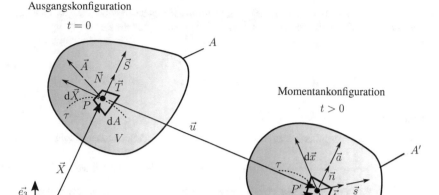

Abbildung 2.3: Ausgangs- und Momentankonfiguration eines materiellen Körpers mit kinematischen Zusammenhängen

für jedes materielle Teilchen angegeben werden, an welchem Ort des dreidimensionalen Raumes es sich befindet. Somit ist die Bewegung des Körpers vollständig bekannt. Mit (2.3) sind gleichzeitig die gesuchten Felder für die Lösung des kontinuumsmechanischen Randwertproblems gegeben.

Werden in der hier dargelegten Weise und in Übereinstimmung mit Gleichung (2.3) die noch in Abschnitt 2.3.2 zu definierenden kontinuumsmechanischen Größen als Funktionen des Ausgangszustands angesehen, spricht man von der Lagrangeschen oder materiellen Betrachtungsweise. Hierbei wird die Bewegung eines Körpers von einem materiellen Punkt dieses Körpers aus beobachtet. Die Veränderungen der jeweiligen Eigenschaften der materiellen Teilchen können durch tensorielle Funktionen unterschiedlicher Stufe beschrieben sein. Die Lagrangesche Formulierung bietet vor allem dann Vorteile, wenn der Ausgangszustand bekannt ist und die Bewegung der einzelnen materiellen Teilchen verfolgt werden soll, was bei den Untersuchungen von Festkörpern in der Regel gegeben ist.

In der Kontinuumsmechanik ist die zeitliche Änderung einer physikalischen Größe f – wie beispielsweise die Geschwindigkeit – von Interesse. Diese Zeitableitungen sind materielle Zeitableitungen und werden beschrieben durch:

$$\frac{\mathrm{D}f}{\mathrm{D}t} = \dot{f} = \frac{\partial f}{\partial t} \quad . \tag{2.4}$$

Für die LAGRANGESCHE Betrachtungsweise [6] folgt aus der Identität (2.4) über die Verwendung der physikalischen Größe f als Funktion von $\vec{X}$ und t die einfache partielle Zeitableitung:

$$\dot{f}(X,t) = \frac{\partial f\left(\vec{X},t\right)}{\partial t} \quad . \tag{2.5}$$

Verschiebung

Der Verschiebungsvektor $\vec{u}$ zwischen Ausgangs- und Momentankonfiguration wird folgendermaßen formuliert

$$\vec{u} = \vec{x} - \vec{X} \tag{2.6}$$

und lautet als Funktion von $\vec{X}$ und t in der Lagrangeschen Schreibweise folgendermaßen:

$$u_k\left(\vec{X},t\right) = x_k\left(\vec{X},t\right) - X_K \quad . \tag{2.7}$$

Geschwindigkeit

Der Geschwindigkeitsvektor

$$\vec{v} = v_k \vec{e}_K \tag{2.8}$$

des materiellen Teilchens ist definiert als die zeitliche Änderung seiner Lage. Es gilt:

$$\vec{v} = \dot{\vec{x}} = \dot{\vec{u}} \quad . \tag{2.9}$$

Entsprechend Gleichung (2.5) erhält man die Lagrangesche Darstellungsform:

$$v_k\left(\vec{X},t\right) = \frac{\partial x_k\left(\vec{X},t\right)}{\partial t} = \frac{\partial u_K\left(\vec{X},t\right)}{\partial t} \quad . \tag{2.10}$$

Beschleunigung

Der Beschleunigungsvektor

$$\vec{a} = a_k \vec{e}_k \tag{2.11}$$

ergibt sich aus der materiellen Zeitableitung des Geschwindigkeitsvektors

$$\vec{a} = \dot{\vec{v}} = \ddot{\vec{x}} = \ddot{\vec{u}} \tag{2.12}$$

---

[6]Vollkommen äquivalente Ausdrücke können auch in der EULERSCHEN Beschreibung aus Größen der Momentankonfiguration gewonnen werden.

Die Darstellung der Beschleunigung ergibt sich analog zu Gleichung 2.10 zu:

$$a_k\left(\vec{X}, t\right) = \frac{\partial v_k\left(\vec{X}, t\right)}{\partial t} \quad . \tag{2.13}$$

Deformation

Verzerrungen liefern Aussagen darüber, wie sich ein Körper deformiert hat, d. h., wie sich Längen und Winkel materieller Linienelemente infolge der Bewegung geändert haben. Dabei wird ein Vergleich zwischen Ausgangs- und Momentankonfiguration durchgeführt. Der materielle Tangentenvektor $\mathrm{d}\vec{X} = \mathrm{d}X_K\vec{e}_k$ der Ausgangskonfiguration geht über in $\mathrm{d}\vec{x} = \mathrm{d}x_k\vec{e}_k$ in der Momentankonfiguration. Zur Umrechnung der an den krummlinigen Koordinatenlinien τ anliegenden Tangentenvektoren (Abbildung 2.3) wird hier der Deformationsgradient $\mathbf{F}$ eingeführt. Somit gelten die Beziehungen

$$\mathrm{d}\vec{x} = \mathbf{F} \cdot \mathrm{d}\vec{X} \quad , \quad \mathrm{d}\vec{X} = \mathbf{F}^{-1} \cdot \mathrm{d}\vec{x} \quad . \tag{2.14}$$

Der Deformationsgradient $\mathbf{F}$ stellt eine Verbindung zwischen Ausgangs- und Momentankonfiguration her. Die Koordinatendarstellung erfolgt daher mit dem gemischten Basissystem $\vec{e}_k \otimes \vec{e}_K$. Der Deformationsgradient kann somit beschrieben werden mit

$$\mathbf{F} = \frac{\partial \vec{x}}{\partial \vec{X}} = F_{kK}\vec{e}'_k \otimes e'_K \quad , \quad \mathbf{F}^{-1} = \frac{\partial \vec{X}}{\partial \vec{x}} = F'_{kK}{}^{-1}\vec{e}_K \otimes \vec{e}_k \quad . \tag{2.15}$$

2.3.2 Kinetische Größen

Neben den kinematischen Grundlagen zur Beschreibung der Bewegung eines Körpers spielen für die kontinuumsmechanischen Betrachtungen auch seine Wechselwirkungen mit der Umwelt (Kinetik), welche die Ursache für die Deformation eines Körpers bilden, eine wichtige Rolle. Diese Wechselwirkungen werden durch Bilanzgleichungen dargestellt (vgl. Abschnitt 2.3.3). Die an einem Körper angreifenden äußeren Kräfte bewirken Verformungen und rufen innere Kräfte hervor. Auf einen gedanklich freigeschnittenen Körper wirkt die resultierende äußere Kraft $\vec{F}_a$, die aus Körperkräften $\mathrm{d}\vec{F}$ bezogen auf ein Volumenlement und Oberflächenkräften $\mathrm{d}\vec{s}$ bezogen auf ein Element der Körperoberfläche (Abbildung 2.3) berechnet wird

$$\vec{F}_a = \int_A \mathrm{d}\vec{s} + \int_V \mathrm{d}\vec{F} \quad . \tag{2.16}$$

Das auf den Körper wirkende resultierende Moment $\vec{M}_a$ berechnet sich wie folgt:

$$\vec{M}_a = \int_A \vec{x} \times \mathrm{d}\vec{s} + \int_V \vec{x} \times \mathrm{d}\vec{F} \quad . \tag{2.17}$$

Die Schnittspannungsvektor $\vec{t}$ wird als Oberflächenkraftvektor $\mathrm{d}\vec{s}$ pro Fläche $\mathrm{d}a$ mit $\vec{t} = \mathrm{d}\vec{s}/\mathrm{d}a$ definiert. Dabei steht der Flächenvektor senkrecht zur Fläche. Seine Länge ist durch den Flächeninhalt gegeben. In der CAUCHYSCHEN Formel

$$\vec{t} = \boldsymbol{\sigma}\,\vec{n} \tag{2.18}$$

vermittelt σ eine lineare und homogene Abbildung zwischen dem Spannungsvektor $\vec{t}$ in der Momentankonfiguration, welcher an einem Flächenelement angreift, und dem Normaleneinheitsvektor , welcher senkrecht auf diesem Element steht. Der differentielle Schnittkraftvektor $d\vec{s}$ kann sowohl auf das Flächenelement der Ausgangs- als auch der Momentankonfiguration bezogen werden:

$$\mathrm{d}\,\vec{s} = \vec{t}\mathrm{d}a = \boldsymbol{\sigma}^T \cdot \mathrm{d}\,\vec{a} = S^T \cdot \mathrm{d}\,\vec{A} \qquad (2.19)$$

Durch die formale Umrechnung des Schnittkraftvektors $d\vec{s}$ für die LAGRANGESCHE Beschreibung

$$\mathrm{d}\vec{S} = \mathbf{F}^{-1} \cdot \vec{s} \qquad (2.20)$$

und der Bezug auf das Flächenelement in der Ausgangskonfiguration

$$\mathrm{d}\vec{S} = \vec{T}\mathrm{d}A = \mathbf{T}^T \cdot d\vec{A} \qquad (2.21)$$

werden die Spannungstensoren definiert. Dabei bezeichnet σ den CAUCHYSCHEN Spannungstensor, S den 1. PIOLA-KIRCHHOFF-Spannungstensor und T den 2. PIOLA-KIRCHHOFF-Spannungstensor. Zwischen diesen Tensoren, die in diesen Formulierungen auch in der transponierten Form auftreten, bestehen folgende Zusammenhänge:

$$\mathbf{S} = \det(\mathbf{F})\mathbf{F}^{-1} \cdot \boldsymbol{\sigma} \qquad \mathbf{S} = \mathbf{T} \cdot \mathbf{F}^T \qquad \mathbf{T} = \det(\mathbf{F})\mathbf{F}^{-1} \cdot \boldsymbol{\sigma} \cdot \mathbf{F}^{-T} \quad . \qquad (2.22)$$

Die Determinante der JACOBIAN-Matrix wird definiert als $J = det(\mathbf{F}) > 0$ [Altenbach, 2012]. Somit können die Tensoren auch folgendermaßen formuliert werden

$$\mathbf{S} = J\mathbf{F}^{-1} \cdot \boldsymbol{\sigma} \qquad \mathbf{S} = \mathbf{T} \cdot \mathbf{F}^T \qquad \mathbf{T} = J\mathbf{F}^{-1} \cdot \boldsymbol{\sigma} \cdot \mathbf{F}^{-T} \quad . \qquad (2.23)$$

2.3.3 Bilanzgleichungen

Physikalische Größen wie Masse, Impuls, Drehimpuls und Energie beziehen sich direkt auf den materiellen Körper und sind additiv im Sinne der Maßtheorie [Haupt, 2002]. Sie sind stetig über das Volumen des Körpers verteilt und werden zunächst in integraler Form als globale Aussagen für den Gesamtkörper angegeben. Sie können aber auch als lokale Formulierungen in der Form von Differentialgleichungen, die sich auf einen beliebig kleinen Teil des Körpers beziehen, gewählt werden. Bleibt bei einem bilanzierenden Prozess die Bilanzgröße unverändert erhalten, haben Bilanzgleichungen den Charakter von Erhaltungssätzen [Ulbricht, 1997]. Daher lassen sich additive physikalische Größen mathematisch in Form von Volumenintegralen unter Nutzung von Dichtefunktionen darstellen. Mit Hilfe der Bilanzgleichungen kann die zeitliche Änderung einer solchen physikalischen Größe – bezogen auf den aktuellen Zustand des Körpers – mit dem Effekt auf seine Umgebung in kausalen Zusammenhang gebracht werden.

Massenerhaltung

Die Masse M eines materiellen Volumens ist zu allen Zeiten konstant. Sie lässt sich als Volumenintegral über das Gebiet der Momentankonfiguration mit Hilfe der Massendichte ρ wie folgt darstellen:

$$M = \int_m \mathrm{d}m = \int_v \rho(\vec{x}, t)\mathrm{d}v = \int_V \rho_0(\vec{X})\mathrm{d}V = konst. \tag{2.24}$$

Die Masse ist unabhängig von der Deformation des Körpers. Somit gilt unter Berücksichtigung der materiellen Zeitableitung allgemein:

$$\dot{M} = \frac{D}{Dt} \int_v \rho(\vec{x}, t)\mathrm{d}v = \frac{D}{Dt} \int_V \rho_0(\vec{X})dV = 0 \tag{2.25}$$

Hieraus lässt sich die globale Massenbilanz in räumlicher Beschreibungsweise mit dem Geschwindigkeitsvektor v ableiten:

$$\int_V \frac{\partial \rho_0}{\partial t}\mathrm{d}V = 0 \quad . \tag{2.26}$$

Impulsbilanz

Der Impuls p eines Körpers hängt vom Geschwindigkeitsfeld $v(\vec{x}, t)$ und der Massendichte $\rho(\vec{x}, t)$ ab. Die globale Impulsbilanz in der Lagrangeschen Darstellung lautet:

$$\dot{\vec{p}} = \frac{D}{Dt} \int_{V'} \rho(\vec{x}, t)\vec{v}(\vec{x}, t)\,\mathrm{d}V' = \int_{A'} \sigma^T \cdot \vec{n}\,\mathrm{d}A' + \int_{V'} \rho\vec{f}\,dV' \tag{2.27}$$

Die materielle Zeitableitung des Impulses entspricht der resultierenden Kraft F_a, welche auf den Körper wirkt. Die Zeitableitungen der Integrale ergeben sich unter Beachtung der Massenbilanz zu:

$$\frac{D}{Dt} \int_{V'} \rho v_k \,\mathrm{d}V' = \int_{V'} \dot{V}'_k \rho\,\mathrm{d}V' + v_k(\rho\,\mathrm{d}v) = \int_{V'} \rho a_k \,\mathrm{d}V' \tag{2.28}$$

Unter Verwendung des Gaussschen Integralansatzes werden die Oberflächenintegrale in Volumenintegrale umgeformt. Somit erhält man:

$$\int_{A'} \sigma_{lk}\, n_l \,\mathrm{d}A' = \int_{V'} \sigma_{lk,l} \,\mathrm{d}V' \tag{2.29}$$

Daraus ergibt sich als äquivalente Formulierung der globalen Impulsbilanz die Beziehung:

$$\int_{V'} [\sigma_{kl,k} + \rho(f_l - a_l)] \,dv = 0 \quad . \tag{2.30}$$

Als lokale Konsequenz ergibt daraus die 1. lokale Cauchysche Bewegungsgleichung der Form:

$$\sigma_{kl,k} + \rho(f_l - a_l) = 0 \quad . \tag{2.31}$$

Analog zum Impuls p lässt sich der Drehimpuls L definieren:

$$\vec{L} = \int_{V'} \rho(\vec{x}, t)[\vec{x} \times \vec{v}(\vec{x}, t)] \, \mathrm{d}V' \quad . \tag{2.32}$$

Das resultierende Drehmoment M_a ist äquivalent zur materiellen Ableitung des Drehimpulses:

$$\dot{\vec{L}} = \vec{M}_a \quad . \tag{2.33}$$

Energieerhaltung

Der Energieerhaltungssatz (1. Hauptsatz der Thermodynamik) in der folgenden globalen Form

$$\dot{U} + \dot{E}_{kin} = \dot{W} + \dot{Q} \tag{2.34}$$

besagt, dass die Änderung der inneren Energie U und der kinetischen Energie E_{kin} durch die mechanische Leistung der äußeren Kräfte W sowie durch zu- oder abgeführte Wärme Q pro Zeiteinheit hervorgerufen wird. Die Vorzeichen werden dabei so festgelegt, dass die Energieerhöhung als positive Änderung betrachtet wird. Dieser Satz von der Erhaltung der Energie gilt für einen abgeschlossenen Bereich des Kontinuums.

2.4 Grundlagen der nichtlinearen Finite-Elemente-Berechnung

Viele physikalische Prozesse, wie beispielsweise die Deformation von Bauteilen unter vorgegebener Belastung, können durch gewöhnliche oder partielle Differentialgleichungen beschrieben werden. Die Lösung dieser Gleichungen bzw. die Bestimmung der unbekannten Größen wie Verschiebungen und Spannungen kann nur in wenigen Spezialfällen auf analytischem Wege erfolgen. Theoretische Berechnungsansätze zur Ermittlung von während der Deformation auftretenden Größen wie mittlere Kraft, spezifische Energieabsorption und Länge einer plastizierten Falte in Abhängigkeit von Bauteileigenschaften wurden u.a. von Abramowicz und Jones [1986], Alexander [1960] und Wierzbicki et al. [1992] entwickelt. Diese analytischen Lösungsansätze gelten für idealisierte, dünnwandige Strukturen. In Kröger [2002] werden analytische Beschreibungen der Deformationskraft von Crashboxen für die Deformationsprinzipien Inversion, Verjüngung und Faltung aufgestellt. Die Berechnungen basieren auf dem kinematischen Ansatz der Plastizitätstheorie. Da die Anwendbarkeit der analytischen Lösungen für große Deformationen von geometrisch komplexen Strukturen nicht gegeben ist, ist hier der Einsatz von Computertechnik zur numerischen Lösung der Differentialgleichungen unumgänglich. Ein häufig verwendetes numerisches Verfahren zur Lösung dieser Gleichungen ist die Finite-Elemente-Methode (kurz: FEM). Hierbei wird ein kontinuierliches Feldproblem durch einen Diskretisierungsprozess zu einem endlichdimensionalen Ersatzproblem transferiert. Ein Vorteil dieser Methode besteht darin, dass sie bei der Diskretisierung sowohl von linearen als auch von nichtlinearen Problemen in beliebigen beschränkten Gebieten erfolgreich angewendet werden kann [Jung und Langer, 2013]. Dynamische Analysen lassen sich in die lineare und nichtlineare Dynamik unterteilen. Der linearen Dynamik ist vor allem die Eigenfrequenzanalyse zuzuordnen. Nichtlineare dynamische Analysen lassen sich mit Hilfe von impliziten und expliziten Zeitintegrationsverfahren durchführen. Die in der vorliegenden Arbeit betrachteten Berechnungen basieren auf einem expliziten Lösungsverfahren. Die FE-Modelle der untersuchten Karosseriestrukturen sind hochgradig nichtlinear; die wesentlichen Nichtlinearitäten sind: nichtlineare Materialgesetze (Elasto-Plastizität), Kontakt-Nichtlinearitäten und geometrische Nichtlinearitäten infolge großer Verformungen. Auf diese Nichtlinearitäten sowie auf die explizite Zeitintegration wird in den folgenden Abschnitten ausführlicher eingegangen.

2.4.1 Elasto-Plastizität

Zur Abbildung von plastischen Deformationen bei Impaktvorgängen werden elastisch-plastische Materialmodelle in CAE-Programmen verwendet. Daher sollen hier einige Begriffe aus der Elasto-Plastizität erläutert werden, die für ein grundlegendes Verständnis der numerischen Crashanalyse notwendig sind. Für ausführliche Darstellungen zu diesem Thema sei auf die Ausführungen von Chen und Han [1988], Simo und Hughes [1997] und Rust [2009] sowie die Zusammenfassung von Meywerk [2007] verwiesen.

Das Grundelement für die lineare Elastizität ist die Feder (Hooke-Element). Für die Kraft F und die Verschiebung u gilt:

$$F = ku \quad , \tag{2.35}$$

wobei k die Federsteifigkeit darstellt. Mit Blick auf die Spannungen σ und die Dehnungen ϵ gilt:

$$\sigma = E\epsilon \quad , \tag{2.36}$$

wobei E der Elastizitätsmodul ist. Für die nichtlineare Elastizität muss statt Gleichung (2.36) eine nichtlineare Funktion definiert werden. Dabei bleibt die Spannung eine Funktion der Gesamtdehnung.

Mit Blick auf die Plastizität tritt bei dem Überschreiten einer gewissen Spannungsschwelle, der Fließgrenze σ_F[7], eine Verformung ein, die bei Entlastung nicht zurückgeht. Im dreidimensionalen Fall wird die Fließgrenze als Fließfläche dargestellt (Abbildung 2.4). Die Fließfläche ist ein Zylinder, dessen Rotationsachse eine hydrostatische Achse ist, weil senkrecht dazu der gestaltändernde Anteil gemessen wird. Die Fließfläche umschließt den Zustandsbereich, innerhalb dessen sich das Material elastisch verhält. Abbildung 2.5 zeigt die Von-Mises-Fließfläche im ebenen Spannungszustand.

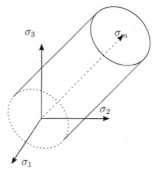

Abbildung 2.4: Von-Mises-Fließfläche im Hauptspannungsraum

---

[7]Als Grundlage für die Fließbedingung wird hier die Gestaltänderungsenergie-Hypothese nach von Mises für isotrope Werkstoffe verwendet. Sie besagt: Ein Fließen tritt bei mehrdimensionaler Beanspruchung ein, wenn die Gestaltänderungsarbeit gleich derjenigen beim Eintritt des Fließens unter einachsiger Beanspruchung ist. Dabei wird die Formänderungsarbeit in die Volumenänderungsarbeit und Gestaltänderungsarbeit aufgespalten [Rust, 2009].

Plastisches Verhalten tritt auf, wenn ein Zustand auf der Fließfläche erreicht wird, bei dem bei weiter steigender Spannung die Fließfläche nicht überschritten werden kann. Wächst die Spannung weiter, als die ursprüngliche Fließfläche es zulässt, findet eine Transformation der Fließfläche statt, so dass der Spannungszustand niemals außerhalb der Fläche liegt. Diesen Vorgang bezeichnet man als Verfestigung. Bei numerischen Berechnungen von plastischen Deformationen setzt man häufig Verfestigungsmodelle ein. Im Folgendem werden die drei Fälle aus Abbildung 2.6 betrachtet: ideale Plastizität, Plastizität mit isotroper Verfestigung und Plastizität mit kinematischer Verfestigung.

Ideale Plastizität

Bei der idealen Plastizität wird angenommen, dass die Verformungen des betreffenden Werkstoffes bei einem mehraxialen Spannungszustand nur von der Spannung abhängen. Zunächst steigt die Spannung mit der Dehnung; wenn die Fließgrenze erreicht ist, steigt die Spannung nicht mehr, auch wenn die Dehnung zunimmt. Bei Entlastung geht die Dehnung zurück, aber nur um den elastischen Anteil (Abbildung 2.6(a)). Der selbstreversible Anteil heißt elastische Dehnung ϵ_{el}, der irreversible plastische Dehnung ϵ_{pl}. Beide zusammen ergeben die Gesamtdehnung ϵ_{ges}.

$$\epsilon_{ges} = \epsilon_{el} + \epsilon pl \tag{2.37}$$

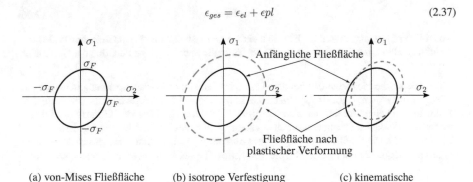

(a) von-Mises Fließfläche   (b) isotrope Verfestigung   (c) kinematische
                                                                    Verfestigung

Abbildung 2.5: Von-Mises-Fließfäche und Verschiebung der Fließflächen bei kinematischer und isotroper Verfestigung

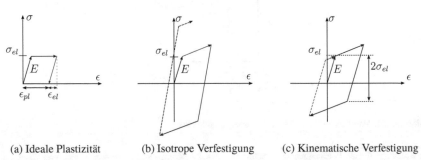

(a) Ideale Plastizität   (b) Isotrope Verfestigung   (c) Kinematische Verfestigung

Abbildung 2.6: Spannungs-Dehnungs-Diagramme für elasto-plastisches Materialverhalten

Plastizität mit isotroper Verfestigung

Auch bei dieser Art der Verfestigung steigt die Spannung zunächst mit dem E-Modul bis zur Fließspannung an. In diesem ersten Bereich entstehen elastische Dehnungen ϵ. Deformiert man über die Fließspannung hinaus, so steigt die Spannung σ weiter an. Entlastet man ab einem bestimmten Punkt, so fällt die Spannungs-Dehnungs-Kurve zurück auf den Spannungswert 0. Die bei $\sigma = 0$ verbleibende Verzerrung ist die gesamte plastische Verzerrung ϵ_{pl}, die nach diesem Belastungszyklus zurückbleibt. Bei einem Nulldurchgang muss die bereits erfolgte Verfestigung bzw. die bis dahin aufgetretene maximale Spannung im Zugbereich überwunden werden, bevor im Druckbereich das Material zu fließen beginnt. Der Fließbereich wird vergrößert, da bei einmaliger Plastifizierung größere Spannungen notwendig sind, um ein weiteres Fließen einzuleiten. Das Spannungs-Dehnungs-Verhalten ist der Abbildung 2.6(b) zu entnehmen. Danach ergibt sich eine Fließflächenvergrößerung in Bezug auf die Hauptspannungen (Abbildung 2.5(b)). Bei diesem Verfestigungsmodell wird der Bauschinger-Effekt[8] vollständig vernachlässigt. Es wird hierbei vorausgesetzt, dass sich der Werkstoff auf Zug- und Druckbelastung gleich verhält. Bei den hier verwendeten Werkstoffen wird die Von-Mises-Plastizität mit isotroper Verfestigung verwendet.

Plastizität mit kinematischer Verfestigung

Die kinematische Verfestigung ist charakterisiert durch eine reine Translation der ursprünglichen Fließfläche, ohne dass sich dabei ihre Form verändert (Abbildung 2.5(c)). Hierbei wird davon ausgegangen, dass bei einer Umkehrung der Belastung der anfängliche elastische Bereich rückwärts und danach in Gegenrichtung durchlaufen wird. Wenn zunächst auf Zug und anschließend auf Druck belastet wird, fängt das Material unter Druck früher an zu fließen als unter der anfänglichen Zugbelastung. Der Bauschinger-Effekt wird bei diesem Verfestigungsmodell berücksichtigt. Bei wiederholter Lastumkehr muss die zweifache Streckgrenze überwunden werden, bevor ein erneutes Fließen auftritt (Abbildung 2.6(c)).

2.4.2 Kontaktalgorithmen

Kontakte sind von essentieller Bedeutung für die Crashberechnung. Sie können sowohl zwischen unterschiedlichen Bauteilen (Abbildung 2.7 (a)) als auch innerhalb eines Bauteils (Abbildung 2.7 (b)) bei Deformationen entstehen. Die Berührzonen sind in der Regel im Vorfeld nicht bekannt. Der Knoten-zu-Segment-Kontakt – symmetrisch und unsymmetrisch – ist neben dem Kantenkontakt der wichtigste im Sinne der bei Crashberechnungen am häufigsten angewendeten Kontakte.

Beim Knoten-zu-Segment-Kontakt wird ein Knoten eines Segments von Oberfläche 2 auf Kontakt mit einem Segment von Oberfläche 1 hin geprüft, wie in Abbildung 2.7 (c) skizziert ist. Hier ist ein Knoten-zu-Segment-Kontakt für den zweidimensionalen Fall gezeigt. Dabei sind die Mittellinien der beiden Körper jeweils durch ein Finite-Elemente-Netz dargestellt. Oberfläche 1, die die Flächeninformationen liefert, heißt Master-Seite, Oberfläche 2, von der der Knoten stammt, heißt Slave-Seite. Der jeweils betrachtete Ausschnitt der Master-Fläche ist definiert und begrenzt durch ein Segment, das sich im Falle deformierbarer Körper auf gewöhnlichen Finiten Elementen befindet.

---

[8]Bauschinger-Effekt: ein bei Metallen beobachteter Effekt, der darin besteht, dass bei einer mechanischen Wechselbeanspruchung nach der ersten Spannungsumkehr die Fließspannung bei der plastischen Verformung in Vorwärtsrichtung größer als in umgekehrter Richtung ist. Die Verfestigung in Vorwärtsrichtung kommt durch die abstoßende Wirkung der in einer Gleitebene aufgestauten Versetzungen zustande. Bei einer Lastumkehr ist ein Gleiten der Versetzungen viel leichter möglich, weil dann die äußere Belastung und die innere Spannung in derselben Richtung wirken [SdW, 1998].

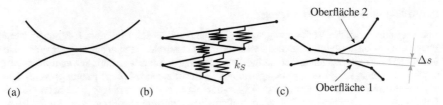

Abbildung 2.7: Kontakte in der FEM

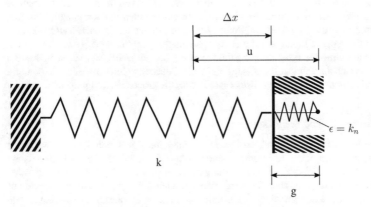

Abbildung 2.8: Penalty-Steifigkeit

Die Verteilung der Kontaktkraft auf die Elementknoten wird aus der Berührposition errechnet und folgt der Bewegung des Slave-Knotens relativ zum Mastersegment.

Prinzipiell müssen alle Knoten von Oberfläche 1 auf Kontakt mit bzw. Eindringung in alle Segmente von Oberfläche 2 geprüft werden. Um die Kontaktberechnung effizient zu gestalten, sind spezielle Suchstrategien erforderlich, die in Rust [2009] ausführlich behandelt werden. Auf den Slave-Knoten wirkt eine Kontaktkraft in Abhängigkeit vom Abstand Δs zum Segment. Kontaktkräfte können mit Hilfe eines Kraft-Verformungs-Gesetzes erfasst werden. Ein solches Kontaktgesetz kann man sich durch eine Feder zwischen den beiden sich berührenden Körpern veranschaulichen (vgl. Abbildung 2.7 (b)). Die numerische Umsetzung zur Lösung von Kontaktproblemen mit Hilfe einer Kontaktfeder im verwendeten FE-Code erfolgt mit dem sogenannten Penalty-Verfahren. Hierbei wird ein „Straf"-Term (= „Penalty") in Form des (Kontakt-)Federpotentials eingeführt, wenn ein Kontakt vorliegt [ESI, 2016]. Betrachtet man das Federsystem wie in Abbildung 2.8, so herrscht ein statisches Gleichgewicht, wenn das Minimum der potentiellen Energie erreicht ist. Solange der Kontakt offen ist, ist die potentielle Energie des Systems, bei dem eine Feder mit der Steifigkeit k durch eine Kraft F belastet wird, wie folgt:

$$W = \frac{1}{2}ku^2 - uF \rightarrow Min. \tag{2.38}$$

Wird die Kontaktbedingung

$$g = \Delta x - u > 0 \tag{2.39}$$

verletzt, so wird der Term addiert, der die Energie erhöht. Weil sie sich damit vom Minimum wegbewegt, wird dieser Term als Strafe für die Verletzung betrachtet. Der Penalty-Term bei Verletzung der Kontaktbedingung lautet:

$$\frac{1}{2}\epsilon g^2 \tag{2.40}$$

Daraus ergibt sich:

$$W = \frac{1}{2}ku^2 - uF + \frac{1}{2}\epsilon g^2\left(u\right) \rightarrow Min. \tag{2.41}$$

Das bedeutet, dass sich der Parameter ϵ als Federsteifigkeit und damit als Kontaktsteifigkeit interpretieren lässt. Daher kann er als k_n bezeichnet werden, wobei n für die Normalenrichtung steht. Die Kontaktkraft ist dann:

$$F_c - k_n g\left(u\right) \tag{2.42}$$

bzw.

$$F_c = k_n\left(\Delta x - u\right) \tag{2.43}$$

Aus Gleichung 2.43 folgt, dass mit höherer Penetration die Kontaktsteifigkeit steigt. Dieser Effekt lässt sich optional verstärken, indem die Kontaktsteifigkeit bei höherer Penetration exponentiell gegen unendlich steigt, so dass bei der richtigen Wahl der Zeitschritte keine Durchdringung der Knoten in ein Segment möglich ist. Diese Option wird bei den in dieser Arbeit durchgeführten Berechnungen angewendet.

2.4.3 Explizite Zeitintegration

Die in dieser Arbeit durchgeführten Berechnungen von Impakt- und Crashvorgängen basieren auf der nichtlinearen Dynamik mit expliziter Zeitintegration. In dem Programm PAM-CRASH basiert die Zeitintegration auf der expliziten Mittelpunktregel. Der Algorithmus funktioniert nach Nasdala [2010] wie folgt:

Gegeben:

u_n:	Verschiebung zum Zeitpunkt t_n,
$\ddot{u}_n$:	Beschleunigung zum Zeitpunkt t_n,
$\dot{u}_{n-1/2}$:	Geschwindigkeiten zum Zwischenzeitpunktes $t = t_{n-1/2}$.

1. Berechnung der Geschwindigkeiten mittels expliziter Mittelpunktsregel:

$$\dot{u}_{n+1/2} = \dot{u}_{n-1/2} + \frac{\Delta t_{n+1} + \Delta t_n}{2} \ddot{u}_n \tag{2.44}$$

2. Berechnung der Verschiebungen mittels expliziter Mittelpunktsregel:

$$u_{n+1} = u_n + \Delta t_{n+1} \dot{u}_{n+1/2} \tag{2.45}$$

3. Berechnung der inneren Kräfte F_i:

$$F_{i_{n+1}} = F_i(u_{n+1}, \dot{u}_{n+1/2}) \tag{2.46}$$

4. Berechnung der äußeren Kräfte F_a:

$$F_{a_{n+1}} = F_a(u_{n+1}, \dot{u}_{n+1/2}) \tag{2.47}$$

6. Berechnung des nächsten Inkrements

Die Massenmatrix M^{-1} sollte eine Diagonalmatrix (*lumped mass matrix*) sein, damit sie leicht zu invertieren ist. Darunter ist zu verstehen, dass die Masse eines Elements nicht über das Element, sondern auf die Elementknoten verteilt ist. Dies hat zur Folge, dass nur die Diagonalelemente der Massenmatrix besetzt sind. Das explizite Verfahren beinhaltet ausschließlich Vektoroperationen. Dies führt zu einer hohen Effizienz, da der Aufwand pro Rechenschritt klein gehalten wird. Bei der Anwendung des expliziten Zeitintegrationsverfahrens zur Lösung der Bewegungsgleichungen wird für jeden Knoten der diskretisierten Struktur der neue kinematische Zustand einzeln und nur ausgehend vom unmittelbar vorausgehenden Zustand und den wirkenden Kräften berechnet [Matter, 2012]. Die Grundlage der expliziten Zeitintegration bildet das zentrale Differenzverfahren.

Die Geschwindigkeit bei doppelter Stützweite zum nachfolgenden Zeitpunkt $t_n + \Delta t = t_{n+1}$ und die Verschiebungen zum Zeitpunkt $t_n + 2\Delta t = t_{n+2}$ werden nach der zentralen Differenzmethode wie folgt angenähert:

$$\dot{u}_{n+1} = \dot{u}_{n-1} + 2\Delta t \ddot{u}_n \tag{2.48}$$

und

$$u_{n+2} = u_n + 2\Delta t \dot{u}_{n+1} \tag{2.49}$$

Bei dieser expliziten Methode besteht der größte Aufwand in der Berechnung der internen Knotenkräfte. Für jeden Elementknoten – genauer für jeden Integrationspunkt – müssen aufbauend auf der aktuellen Deformation die beschriebenen Gleichungen zur Bestimmung des Spannungszustandes angewendet werden.

Stabiles Zeitinkrement

Bei expliziten Verfahren ist der Zeitschritt respektive der Element-Zeitschritt durch einen maximalen Wert, den kritischen Zeitschritt, beschränkt. Dieser wird durch eine charakteristische

Elementkantenlänge l_e und die Wellenausbreitungsgeschwindigkeit c_{Schall}, die von der Verformungsgeschwindigkeit nicht überschritten werden darf, definiert. Die Bedingung für die Stabilität lautet nach Courant et al. [1928] (CFL-Bedingung) folgendermaßen:

$$\Delta t < \Delta t_{krit} = \frac{l_e}{c_{Schall}} \qquad (2.50)$$

mit:

$$c_{Schall} = \sqrt{\frac{E}{\rho}} \qquad (2.51)$$

Daraus folgt:

$$t_{krit} = l_e \cdot \sqrt{\frac{\rho}{E}} \qquad (2.52)$$

Aus Gleichung 2.52 geht hervor, dass das stabile Zeitinkrement proportional zur Elementkantenlänge ist. Je kleiner das Element, desto kleiner der Zeitschritt, desto größer wird die Anzahl der benötigten Rechenzeitschritte für einen Simulationslauf. Die Rechenzeit verkürzt sich mit zunehmender Größe des maximalen stabilen Zeitinkrements. Somit kann eine kurzere Rechenzeit durch ein groberes Netz sowie ein Material mit höherer Dichte erzielt werden. In jedem Zeitschritt ist das Element mit dem kleinsten stabilen Zeitinkrement maßgebend. Der Wert wird vom Solver a priori für das Gesamtsystem berechnet und während der Simulation fortwährend angepasst. Bei schneller Bewegung der Finiten Elemente kann es notwendig sein, den Zeitschritt noch kleiner zu wählen, um ein Versagen der Kontaktalgorithmen zu verhindern. So erfordern manche Anwendungsbereiche besonders kleine Zeitschrittweiten.

Massenskalierung

Einige Elemente können bei Impaktvorgängen infolge der plastischen Deformation sehr klein werden. Würden diese kleinen Elemente zur Bestimmung des Zeitschritts herangezogen werden, so würde der Zeitschritt sehr klein werden und die Rechenzeit würde sich verlängern. Damit aber wäre die Gesamtberechnung nicht mehr sinnvoll durchführbar. In diesem Fall kann die Dichte für diese kleinen Elemente erhöht werden (Dynamic Mass Scaling), um den Zeitschritt stabil zu halten.

2.4.4 Elementtypen

Das in der vorliegenden Arbeit verwendete FE-Programm VISUAL CRASH PAM bietet eine Vielzahl von Elementen an, die beispielsweise in Stab-, Balken-, Schalen- und Volumen- Elemente kategorisiert werden können. Diese Elemente werden überwiegend dreidimensional beschrieben und durch das Sperren einzelner Freiheitsgrade ein- oder zweidimensionalen Problemen angepasst.

Die Bedeutung von Schalen-Elementen hat mit dem fortschreitenden Leichtbau von Fahrzeugkarosserien enorm zugenommen. Schalen werden überall dort angewendet, wo dünnwandige Bauteile mit teils mehrachsiger Belastung nachgebildet werden müssen [Klein, 2010]. Im topologischen Sinne handelt es sich bei konventionellen Schalenelementen um 2D-Elemente, die eine geringe Dicke im Verhältnis zu den Modellabmessungen besitzen. Üblicherweise befinden sich die Knoten auf der

Mittelfläche. Analog zu den Balkenelementen unterscheidet man zwischen Integrationspunkten in der Ebene und solchen in Dickenrichtung. Für die in dieser Arbeit verwendeten Schalen wird die Elementformulierung nach Belytschko und Tsay [1983] unterintegriert (1 Integrationspunkt in der Ebene) mit fünf Integrationspunkten über die Dicke gewählt. Die Integration erfolgt nach dem SIMPSON-Verfahren. Diese Elementformulierung hat sich als das Standardelement in der industriellen Berechnung dünnwandiger Strukturen mit PAM-CRASH etabliert.

2.5 Die untersuchten Werkstoffe

Die vorliegende Arbeit beschäftigt sich mit dem Deformationsverhalten von Strukturen, die aus hochfesten Stahllegierungen hergestellt sind. Die Arbeiten von Huh und Kang [2002], Peixinho et al. [2003a], Tai et al. [2010], Tarigopula et al. [2006] und Zhang et al. [2016] verdeutlichen den Trend in Richtung hochfester Stahllegierungen mit dem Ziel einer Gewichtsverringerung durch eine Wandstärkenreduktion. Durch den Einsatz von hochfesten Stählen ist eine Gewichts- reduzierung bei gleichem Energieaufnahmevermögen im Vergleich zu konventionellen Stählen möglich. Diesen Zusammenhang haben beispielsweise Zhang et al. [2016] durch Untersuchungen an Biegequerträgern und Tai et al. [2010] durch eine FEM-Analyse von hochfesten Stählen unter axialer Impaktbelastung nachgewiesen.

2.5.1 Werkstoffverhalten

Die im Fokus der Untersuchungen stehenden Bauteile Crashbox und Längsträger sind aus einem Dualphasen-Stahl mit einer Fließgrenze von 780 MPa hergestellt worden, der zu der Gruppe der mehrphasigen hochfesten Stähle gehört. Im Folgenden werden die typischen Eigenschaften und Herstellungsmöglichkeiten von Dualphasen-Stählen aufgezeigt.

Viele hochfeste Stähle weisen eine niedrige Zähigkeit und eine schlechte Umformbarkeit auf. Um diese Nachteile zu umgehen, wurden Dualphasen-Stähle (DP-Stähle) entwickelt, deren Gefüge eine Dispersion von martensitischen Inseln in einer ferritischen Matrix zeigt. Diese DP-Stähle weisen eine niedrige Fließgrenze aufgrund der relativ weichen ferritschen Matrix und eine hohe Zugfestigkeit aufgrund der harten zweiten Phase auf. Weitere Eigenschaften sind ein kontinuierliches Fließverhalten und eine starke Verfestigung [Bleck et al., 2000].

Im Herstellungsprozess wird durch eine ausreichend schnelle Abkühlung des aufgeglühten Dualphasen-Gefüges eine Umwandlung von Austenit in Martensit ermöglicht. Neben Glühtempera- tur und Abkühlgeschwindigkeit spielt die chemische Zusammensetzung eine wichtige Rolle für die Martensitbildung. Während Kohlenstoff und Mangan die Hauptlegierungselemente sind, können Zugaben von Silizium, Mangan, Chrom, Molybdän und Phosphor unterschiedliche Festigkeiten beeinflussen [Kaluza, 2003]. Die chemische Zusammensetzung des untersuchten DP-Stahls ist wie folgt: C: 0,11 %; Si: 0,40 %; Mn: 1,2 %; P: 0,02 % und S: 0,02 %. Kohlenstoff beeinflusst die Härtbarkeit dabei am stärksten und ist auch für die Morphologie der martensitischen Phase verantwortlich.

Die in dieser Arbeit betrachteten Bauteile durchlaufen einen mehrstufigen Lackierungsprozess (Lackeinbrennen). Durch die KTL[9]-Beschichtung entsteht der sogenannte "bake-hardening-Effekt". Hierbei erfährt der Werkstoff der Karosserieteile durch den Erwärmungsvorgang eine Gefügeän- derung. Freie Kohlenstoffatome diffundieren zu den Versetzungen und blockieren diese. Damit

---

[9]Kathodischer Tauchlack

werden die Versetzungen bei einer weiteren plastischen Dehnung an der Wanderung behindert, was somit zu einer Erhöhung der Streckgrenze führt [Bleck, 2004].

2.5.2 Deformationsprinzipien

Das Crash- und Energieabsorptionsverhalten metallischer Strukturen wird durch die punktuelle plastische Deformation bestimmt. Die Crashenergie wird durch plastisches Fließen abgebaut. Die Verformungsvorgänge bei Crashboxen und Längsträgern unter Crashbelastung basieren auf den Stauchmechanismen von dünnwandigen Vierkantprofilen, da diese Bauteile im Grunde Vierkantprofile mit eingebrachten Versteifungs- und Triggersicken zur definierten Energieaufnahme sind. Es wird in diesem Kapitel eine Zusammenfassung der Grundlagenstudien von Abramowicz und Jones [1984] und Jones [1993] sowie von Wierzbicki [1982] über die Charakteristika von axial gestauchten Vierkantprofilen aus hochfestem Stahl gegeben. Zur Betrachtung steht die Deformation eines Vierkantrohr mit quadratischen Querschnitt.

Abbildung 2.9 zeigt Beispiele des typischen Deformationsverhaltens solcher Geometrien, die durch eine Kompressionskraft gedrückt werden. Die unterschiedlichen Deformationsmodi sind aus den FEM-Simulationen von Chen [2016] ermittelt. Ein kurzes Vierkantrohr wird durch die Formation vieler Falten gestaucht (Abbildung 2.9 (a)). Ein langes Vierkantrohr neigt zu einem Ausbeulen in der Mitte in Form des Eulerschen Biegeknickens (Abbildung 2.9 (c)). Ein Vierkantrohr kann zunächst im oberen und unteren Bereich Faltenbeulen ausbilden und anschließend im mittleren Bereich zur Seite biegen und kollabieren (Abbildung 2.9 (b)). Der Deformationsmodus hängt von Faktoren wie Geometrie und Materialeigenschaften ab. Die hier dargestellten drei Arten der Deformation können als *Faltmodus*, *Übergangsmodus* und *Biegemodus* klassifiziert werden. Dabei werden der Übergangsmodus und der Biegemodus den sogenannten instabilen Modi zugeordnet und der Faltmodus als stabiler Modus bezeichnet.

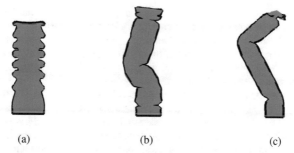

(a)   (b)   (c)

Abbildung 2.9: Schematische Darstellung von typischen Deformationsmodi am Beispiel eines Vierkantrohrs. (a) Faltmodus, (b) Übergangsmodus, (c) Biegemodus

Crashboxen sind so ausgelegt, dass sie die eingeleitete Energie durch regelmäßiges Faltenbeulen absorbieren. Dieser stabile Deformationsmodus kann wiederum in mehrere Submodi hinsichtlich der Faltenbildung unterteilt werden. Die am häufigsten auftretenden Formen sind der achsensymmetrische und der nicht achsensymmetrische Modus. Bei der achsensymmetrischen Faltenbildung – auch extensionaler Deformationsmodus genannt – liegen die Täler und Berge der Falte umlaufend auf der gleichen Position (Abbildung 2.10 (b)), während bei dem nicht achsensymmetrischen Modus diese Täler und Berge abwechselnd versetzt auf den benachbarten Flanken erscheinen (Abbildung

2.10 (b)). Zwischen diesen beiden extremen Formen gibt es auch den gemischten Modus, bei dem sich die Symmetrie der Faltenbildung über den Zeitraum des Deformationsvorgangs ändert (Abbildung 2.10 (c)). Jones [1993] und Rajabiehfard et al. [2016] zeigen, dass das Auftreten dieser Modi abhängig von dem Verhältnis der Wanddicke zur Breite des Vierkantrohrs ist. Darüber hinaus wird die Bildung dieser Modi auch von geometrischen Imperfektionen und der lateralen Trägheit der Vierkantrohre sowie der Geschwindigkeit, dem Krafteinleitungswinkel und der Masse des Impaktors beeinflusst [Karagiozova und Jones, 2004a], [Karagiozova und Jones, 2004b], [Karagiozova und Alves, 2004], [Fyllingen et al., 2008b]. Unter den Annahmen der Studie nach Chen [2016] tritt bei Vierkantrohren ohne Imperfektionen der achsensymmetrische Modus auf. Sobald leichte Unregelmäßigkeiten in der Geometrie auftauchen, wechselt der Modus in die nicht achsensymmetrische Form. Die Energieabsorption für die einzelnen Modi kann Yang [2003] entnommen werden.

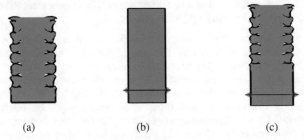

(a)   (b)   (c)

Abbildung 2.10: Schematische Darstellung von dynamischen, stabilen Deformationsmodi für dünnwandige Vierkantrohre. (a) Symmetrischer Deformationsmodus, (b) extensionaler Deformationsmodus und (c) gemischter Deformationsmodus

Abbildung 2.11 zeigt exemplarisch den Zusammenhang zwischen Kraftverlauf und Deformationsverhalten eines Vierkantrohrs mit einer Länge von 150 mm, einer Breite von 50 mm und einer Blechdicke von 1,5 mm. Dabei sind deutliche Korrelationen zwischen Kurvenform und Ereignisse während des Deformationsvorgangs zu erkennen. Die Kraft sinkt und steigt zyklisch nach dem ersten Kraftabfall, bei dem die Traglast erreicht ist, wieder an. Synchron dazu ist ein sequentielles Faltenbeulen zu beobachten. Der Vorgang der Verformung ist durch zwei Phasen charakterisiert. In der initialen Phase entstehen flache Beulen entlang der Flanken auf dem Vierkantrohr, die sich weiter ausprägen, bis sie in der zweiten Phase nacheinander kollabieren. In der ersten Phase ändert sich die Kraft mit der Faltenbildung. In der darauf folgenden zweiten Phase ereignen sich die zyklischen Kraftabfälle zu den Zeitpunkten, in denen die Falten kollabieren [DiPaolo und Tom, 2006]. Die Deformationsmechanismen von Crashboxen beruhen ebenfalls auf diesem Prinzip.

Das Deformationsverhalten kann durch definierte Vorverprägungen, Löcher und weitere Faltinitiatoren – auch Trigger genannt – signifikant beeinflusst werden. Es gibt zahlreiche Veröffentlichungen zu dem Thema Effekte von verschiedenen Biege- und Faltinitiatoren an Stahlstrukturen unter axialer und geneigter Lasteinleitung. Die Prinzipuntersuchungen von Gupta und Gupta [1993], Cheng et al. [2006], Zhang et al. [2009] und Cho et al. [2006] sind in diesem Zusammenhang besonders hervorzuheben. Sie belegen in ihren Studien an Vierkantrohren aus Stahl und Aluminium, dass aufgrund dieser Initiatoren das Niveau der ersten Kraftspitze reduziert wird, das Faltenbeulen gezielt getriggert werden kann und somit die Energieabsorption während des Impaktvorgangs signifikant beeinflusst werden kann.

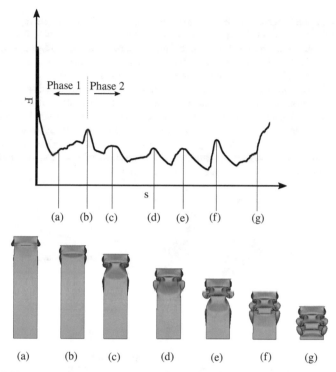

Abbildung 2.11: Zusammenhang zwischen Kraftverlauf und Deformationsverhalten

2.5.3 Effekte aus dem Umformverfahren

Eine zuverlässige, prognosefähige Aussage aus einer Crashberechnung erfordert die Berücksichtigung der Umformeffekte, die bei dem Tiefziehvorgang von Blechen entstehen. Die vorliegende Arbeit beschäftigt sich mit der Prognosegüte von seriennahen Karosseriestrukturen, die eine Vielzahl an Sicken zur Steifigkeitserhöhung und zur Erreichung eines definierten Faltverhaltens besitzen. Gerade in den Radien der Sicken und Kanten der Profile entstehen physikalische Effekte, die durch den Umformprozess beeinflusst werden. Dualphasen-Stähle besitzen Eigenschaften, die von der Behandlungshistorie abhängen [Wolf et al., 2005]. Die sich während der plastischen Verformung erhöhende Versetzungsdichte führt zu einer erhöhten Wahrscheinlichkeit, dass sich Versetzungen bei ihrer Bewegung treffen und dadurch gegenseitig behindern. Entsprechend ist zur weiteren Verformung eine größere Spannung notwendig [Weißbach, 2010]. Für die Crashsimulation von Karosseriekomponenten aus Mehrphasen-Stählen bedeutet dies, dass durch den Umformprozess eingebrachte Kaltverfestigungen und Blechdickenänderungen berücksichtigt werden müssen. Die Studien von Schilling et al. [1997], Schlling et al. [2000] und Lanzerath et al. [2000] belegen die hohe Bedeutung der Umformeffekte bei der Auslegung von Karosseriekomponenten unter Crashbelastung. Scholz und Schöne [1998] demonstriert an dem Beispiel einer Crashboxdeformation ebenfalls, dass das simulierte Strukturverhalten sich durch die Berücksichtigung der Umformeffekte hinsichtlich Traglastspitze, Deformationsweg und Ausprägung der Faltenbildung signifikant ändert.

Da die Historie ein Ergebnis aus der Umformung ist, liegt es nahe, die Daten aus der in prozess-
technischer Sicht vorgelagerten Umformsimulation einfließen zu lassen. Diese Daten sind für die
untersuchten Bauteile U-Profil und Deckbleche, die zusammen den Längsträger bilden, vorhanden
und werden bei der Initialisierung als Anfangsbedingungen in der Berechnung berücksichtigt. Für
das Bauteil Crashbox liegen keine Umformdaten aus der Prozesssimulation vor. Daher werden die
Effekte für diese Komponenten durch ein *inverses Einschrittverfahren* abgeschätzt. Hierbei lassen
sich die Vorverfestigungen und Blechdickenänderungen auf der Basis der vorhandenen Geometrie
mit Hilfe eines impliziten Solvers berechnen. Im Gegensatz zur inkrementellen Umformsimulation
werden die Änderungen der Rand- und Kontaktbedingungen sowie des Materialflusses während
des Umformvorgangs nicht berücksichtigt. Das führt dazu, dass mit dem Einschrittverfahren eine
mögliche Ausdünnung in ebenen Abschnitten nicht berechnet wird. Dieser Unterschied in den
plastischen Dehnungen ist in Abbildung 2.12 veranschaulicht.

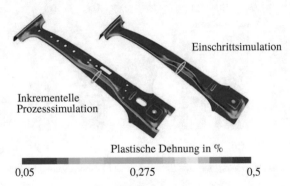

Abbildung 2.12: Unterschiede in den Umformeffekten durch Berechnung mit der Umformsimulation und
mit dem Einschrittverfahren am Beispiel einer B-Säule

2.6 Grundlagen zu den Abgleichmethoden

In dieser Arbeit werden Methoden zur Messung von Bewegungen der Versuchskörper und
Berechnung von Abstandsmaßen zur objektiven Bewertung gemessener Kraftverläufe angewendet.
Diese werde im Folgenden erläutert.

2.6.1 Auswertung von synchronen Bildsequenzen

In dieser Arbeit findet das Verfahren zur dreidimensionalen photogrammetrischen Auswertung
synchron aufgenommener Bildsequenzen mittels Punktverfolgungsverfahren Anwendung. Bildko-
ordinatenmessungen von signalisierten Zielmarken in aufeinander folgenden Bildern der Sequenz
werden hierbei als Beobachtungen genutzt [Raguse, 2007]. Die Messung von sowohl translatorischen
als auch rotatorischen Bewegungen für beliebige Bewegungsrichtungen und -geschwindigkeiten des
Versuchsobjekts wird ermöglicht. Darüber hinaus ist eine Überlagerung der Bildinformationen von
Berechnungsanimationen und Highspeed-Filmsequenzen mit Methoden der 3D-Bildmesstechnik
zu Abgleichzwecken möglich [Raguse et al., 2004].

Zur Ermittlung der dynamischen, positionsbezogenen Vorgänge im Versuch und ihrer späteren räumlichen Zuordnung zum Simulationsmodell werden für die Auswertung erforderliche Punkte am Versuchsobjekt durch Zielmarken signalisiert. Die Koordinaten der Mittelpunkte ausgewählter Marken werden in einer statischen Bauteilvorvermessung bestimmt. Die Erfassung erfolgt über photogrammetrische Systeme. Die eingesetzten Kameras sind digitale, hoch-auflösende Highspeed-Kameras, die mit einer Bildrate von 1000 Bildern pro Sekunde arbeiten. Für die präzise Auswertung hochdynamischer Vorgänge, die in dieser Arbeit vorgestellt werden, ist es erforderlich, dass die Kameras die Einzelbilder exakt synchron aufnehmen.

Die Verfolgung der Marken in den Filmsequenzen erfolgt halbautomatisch mit Methoden der digitalen Bildverarbeitung [Köller et al., 1993]. Aus den gemessenen 2D-Bildkoordinaten der Zielmarken im Einzelbild werden über Methoden der Nahbereichsphotogrammetrie die dreidimensionalen Koordinaten der Punkte im ortsfesten Koordinatensystem bestimmt. Die eingesetzten Methoden beruhen auf einem kombinierten Verfahren aus räumlichem Rückwärts- und Vorwärtsschnitt [Luhmann, 2003]. Zunächst werden die Kamerapositionen durch einen räumlichen Rückwärtsschnitt über Passpunkte im Koordinatensystem der Versuchsanlage bestimmt. Die Koordinaten der Zielmarken auf den Versuchsträgern werden im Weiteren von den Kamerastandpunkten über einen räumlichen Vorwärtsschnitt ermittelt. Die Auswertung dieser Filmsequenzen liefert von jedem der Zielpunkte eine 3D-Trajektorie. Der Verlauf dieser Trajektorien gibt die Bewegung des jeweiligen Punktes im Raum während des Crashversuches wieder.

2.6.2 Abgleichkriterien und Abstandsmaße

Zur Bewertung der Übereinstimmungsgüte von Experiment und Simulation sind Abgleichkriterien und Abstandsmaße erforderlich, die eine objektive Bewertung gewährleisten. Abgleichkriterien sind hier einerseits Kurvenvergleiche wie Kraftverläufe und Trajektorien und andererseits Vergleiche von Deformationsmodi. Der Vergleich von Deformationsmodi erfolgt über qualitative Beschreibungen und über die Bewertung des mittleren Abstands zwischen der geometrisch vermessenen Geometrie und dem Simulationsmodell im Endzustand der Deformation. Als Abstandsmaß für die Beurteilung der Kurvenkorrelation wird hier das CORA-Verfahren für die dynamischen Lastfälle angewendet.

Abbildung 2.13 zeigt die Bewertungsstruktur. Diese basiert auf der Kombination aus zwei Metriken, die aus dem Kreuzkorrelations- und dem Korridorverfahren mit Hilfe der Software CORA (*CORrelation and Analysis*) abgeleitet werden. Damit wird eine objektive und reproduzierbare Einschätzung der Übereinstimmungsgüte zwischen Simulationskurven und den Kurven aus den realen Versuchen gewährleistet. In der vorliegenden Arbeit werden mit diesem Werkzeug Kraftverläufe miteinander verglichen.

Die Korridormethode bewertet die Abweichung zwischen zwei Signalen durch die Mittelwertbildung aller Korridormessungen. Es werden zwei Korridore um die Referenzkurve $x(t)$ gebildet: der innere Korridor σ_i und der äußere Korridor σ_a. Die Berechnung dieser Korridore erfolgt bei allen in dieser Arbeit durchgeführten Vergleichen nach folgenden Formeln:

$$\sigma_i = a_1 \cdot Y_{norm} \qquad mit \quad a_1 = 0,1 \tag{2.53}$$

und

$$\sigma_a = b_1 \cdot Y_{norm} \qquad mit \quad b_1 = 0,4 \quad . \tag{2.54}$$

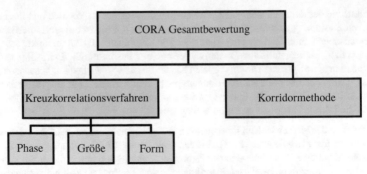

Abbildung 2.13: CORA-Bewertungsstruktur (aus Thunert [2012], nachbearbeitet)

Der Parameter Y_{norm} ist hierbei die Referenzamplitude zur Berechnung des Korridors. Diese ist die maximale absolute Amplitude der Versuchskurve, also das Extremum dieser Kurve

$$Y_{norm} = max(min(x(t)), max(x(t))) \quad . \tag{2.55}$$

Wenn die Vergleichskurve $y(t)$ innerhalb des inneren Korridors liegt, wird sie mit dem Ergebniswert „1" bewertet. Liegt sie außerhalb des äußeren Korridors, wird der Wert „0" vergeben. Andernfalls wird eine Interpolation vorgenommen. Die Bandbreiten der Korridore und das Bewertungsprinzip sind in Abbildung 2.14 dargestellt.

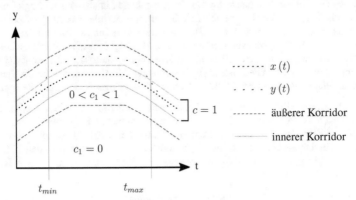

Abbildung 2.14: Korridormethode (aus Thunert [2012], nachbearbeitet)

Die Korridorbewertungen c_i werden zu jedem Zeitschritt des Evaluierungsintervalls angewendet, so dass das Endergebnis der Korridorbewertung C_1 aus dem Mittelwert berechnet wird

$$C_1 = \frac{\sum_{i=1}^{n} c_i}{n} \quad mit \quad 0 \leq C_1 \leq 1 \quad . \tag{2.56}$$

Die Kreuzkorrelationsmethode analysiert die Signalcharakteristiken. Im Rahmen dieses Verfahrens werden die drei Quantifizierungsgrößen Form der Kurven B_{Form}, Kurvenniveau B_{Niveau} und

Phasenverschiebung B_{Phase} evaluiert. Die gewichtete Summe der drei Ergebnisse bestimmt den Endwert der Kreuzkorrelationsbewertung. Im Folgenden werden die zugrunde liegenden Berechnungsformeln aus Thunert [2012] mit den in dieser Arbeit verwendeten Parametern vorgestellt:

• **Form der Kurven** B_{Form}

Die Bewertung der Kurvenformkorrespondenz wird von der Kreuzkorrelation K_{xy} abgeleitet, die aus folgender Gleichung berechnet wird:

$$K_{xy}(m) = \frac{\sum\limits_{i=1}^{n} x(t_{min} + (m_c + i) \cdot \Delta t) \cdot y(t_{min} + i \cdot \Delta t)}{\sqrt{\sum\limits_{i=1}^{n} x^2(t_{min} + (m_c + i) \cdot \Delta t) \cdot \sum\limits_{i=1}^{n} y^2(t_{min} + i \cdot \Delta t)}} \qquad mit -1 \leq K_{xy} \leq 1 \quad .$$

$$(2.57)$$

Gegeben sind die Zeitfunktionen $x(t)$ (Referenz- bzw. Versuchskurve) und y(t) (Simulationskurve). Die Referenzkurve wird um einen veränderlichen Zeitversatz $m \cdot \Delta t$ verschoben. Wenn die Signale für $m_c = 0, 1 - 1, 2, ...$ gleich sind, liefert die normierte Kreuzkorrelation den Wert 1 bzw. -1 bei Gegenphasigkeit.

Aus Gleichung 2.57 folgt die Bewertung der Kurvenform B_{Form} mit

$$K_{xy} - max(K_{xy}(m_c)). \qquad (2.58)$$

$$B_{Form} = \left(\frac{1}{2} (K_{xy} + 1) \right)^{k_V} \qquad mit \quad k_V = 10 \quad . \qquad (2.59)$$

• **Kurvenniveau** B_{Niveau}

Die Bewertung des Kurvenniveaus erfolgt durch einen Vergleich der Flächen zwischen beiden Kurven und der Zeitachsen. Das folgende Verhältnis aus $F_x[t_{min}, t_{max}]$ und $F_y[t_{min}, t_{max}]$ kann mit gleicher Anzahl an Stützstellen und einem konstanten Δt zwischen den Zeitintervallen mit

$$\frac{F_x}{F_y} = \frac{\sum\limits_{i=1}^{n} x^2(t_{min} + i \cdot \Delta t)}{\sum\limits_{i=1}^{n} y^2(t_{min} + i \cdot \Delta t)} \qquad (2.60)$$

berechnet werden. Dabei ist $t_{min} = 0$ und t_{max} jeweils der Zeitpunkt des Nulldurchgangs, also des vollständigen Kraftabfalls der Versuchskurve aus der jeweiligen Versuchsreihe.

Aus Gleichung (2.60) kann die Übereinstimmung des Kurvenniveaus B_{Niveau} bewertet werden

$$B_{Niveau} = \left(\frac{F_x}{F_y} \right)^{k_G} \qquad mit \quad k_G = 1 \quad . \qquad (2.61)$$

• **Phasenverschiebung** B_{Phase}

Die Phasenverschiebung erhält bei allen *CORA*-Rechnungen das Rating 1,0, da vor den Bewertungen die Simulations- und Versuchskurven synchronisiert werden bzw. der Kraftanstieg bei allen Kurven bei $t = 0$ beginnt. Der Faktor aus der Kreuzkorrelationsbewertung C_2 wird aus der Kombination der drei Subratings B_{Form}, B_{Niveau}, und B_{Phase} mit entsprechenden Gewichtungsfaktoren folgendermaßen ermittelt

$$C_2 = g_V \cdot B_{Form} + g_G \cdot B_{Niveau} + g_P \cdot B_{Phase} \tag{2.62}$$

mit $g_V = 0,5$, $g_G = 0,25$ und $g_P = 0,25$.

Die Ergebnisse beider Metriken – des Korridor- und Kreuzkorrelationsverfahrens – gehen jeweils mit dem Gewichtungsfaktor von 0,5 in das finale Ergebnis ein, das zu Vergleichszwecken mit anderen Simulationen aus einer Untersuchungsreihe dient.

Wichtig hierbei ist, dass die einstellbaren Parameter a_0, b_0, k_V, k_G, g_G, g_V und g_P der Berechnungsformeln für alle Anwendungen eines Vergleichs gleichbleibend sind. Es handelt sich um eine etablierte Bewertungsmethode, die unter anderem in Veröffentlichungen von Gehre et al. [2009],Gehre und Stahlschmidt [2011] und Gehre et al. [2011] für den Vergleich der Signale von Simulation und Experiment bei Dummy-Modellen bereits zielführend angewendet wird. Im Bereich der Struktursimulation existieren keine Standards für die Anwendung dieses Verfahrens. Die Übereinstimmungsgüte nach dieser Bewertung dient – neben Kurvenbeschreibungen und dem Vergleich von Deformationsmodi – als ein Indikator, um nichtlineare Zusammenhänge eines Deformationsvorgangs verschiedener Simulationen miteinander zu bewerten.

3 Quasi-statische Untersuchungen an Crashboxen

Mit wachsenden Rechenkapazitäten ist es möglich, Simulationsmodelle immer feiner in Raum und Zeit aufzulösen und wirtschaftlich im industriellen Bereich anzuwenden. Die vorliegende Untersuchung beschäftigt sich mit der Fragestellung, ob eine feinere Diskretisierung der einzige Weg ist, um die Prognosegüte von Crashberechnungen zu erhöhen. Die Untersuchungen zum detaillierten Simulationsabgleich beginnen auf Bauteilebene an Crashboxen unter quasi-statischen Lastfällen. Die Versuche werden simulativ ausgelegt, um einen geeigneten Versuchsaufbau sowie geeignete Stauchgeschwindigkeiten und Lasteinleitungswinkel zu bestimmen, die eine Reproduzierbarkeit der Versuchsergebnisse für anschließende Abgleichsuntersuchungen gewährleisten. Die Übereinstimmungsgüte zwischen Simulation und Experiment wird unter dem Hauptaspekt „Reduzierung von Ungewissheiten im Simulationsmodell" betrachtet. Dabei wird untersucht, in welchem Maße die Übereinstimmungsgüte gesteigert werden kann, wenn Informationen über das Bauteil und die Versuchsrandbedingungen vorhanden sind.

3.1 Untersuchungsgegenstand Crashbox

Um einen Eindruck von dem Untersuchungsgegenstand mit seinen Einzelteilen und Sickenstrukturen zu erhalten, werden im Folgendem die Geometrie, die verwendeten Materialien, die Effekte aus dem Umformverfahren, die Verbindungstechnik und die Modellierung des FE-Modells beschrieben.

Geometrie

Der Untersuchungsgegenstand Crashbox besteht aus fünf Einzelteilen: Schottplatte, Innen- und Außenblech, abgetrenntem Halter und Querträgerstück (Abbildung 3.1). Die nominalen Blechdicken sind der Tabelle 3.1 zu entnehmen. Es handelt sich hierbei um eine seriennahe Bauteilstruktur einer Crashbox im Vorderwagen, die mit definierten Verprägungen ausgelegt und gefertigt worden ist. Die Crashbox hat eine Höhe von ca. 200 mm, eine Breite von ca. 100 mm und eine Tiefe von ca. 78 mm. An den Seiten sind jeweils gegenüberliegend eine Sicke im mittleren Bereich des Versuchskörpers und an der Ober- und Unterseite jeweils eine Sicke im oberen Bereich vorhanden. Durch diese Sickenstruktur soll eine definierte Verformung und Energieaufnahme der Crashbox bei einem Impaktvorgang entstehen. Der Halter ist Teil des sogenannten *Crash-Management-Systems* und wird zu den Versuchszwecken unterhalb der Kante des Querträgerstücks abgetrennt. Die Innen- und Außenbleche sind kaltumgeformte U-Profile, die an den überlappenden Flächen punktgeschweißt sind. Abbildung 3.1 zeigt unten verschiedene Ansichten der Crashbox mit seinen Sickenstrukturen.

© Springer Fachmedien Wiesbaden GmbH, ein Teil von Springer Nature 2019
P. Wellkamp, *Prognosegüte von Crashberechnungen*, AutoUni – Schriftenreihe 133,
https://doi.org/10.1007/978-3-658-24151-3_3

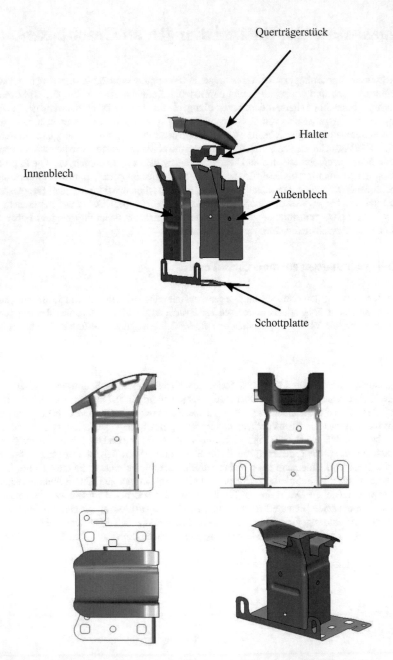

Abbildung 3.1: Oben: Einzelteile der Crashbox; unten: Verschiedene Ansichten der Crashbox

Werkstoffe

Die verschiedenen Werkstoffe der Einzelteile sind ebenfalls der Tabelle 3.1 zu entnehmen. Das Innen- und das Außenblech sind die tragenden Teile dieses Versuchskörpers, durch die der Lastpfad bei dem Impaktvorgang verläuft. Sie bestehen aus dem in Abschnitt 2.5.1 in seinen Werkstoffeigenschaften beschriebenen Dualphasen-Stahl. Das Querträgerstück besteht aus einem warmumgeformten Material und der abgetrennte Halter aus einem höherfesten mikrolegierten Stahl.

Tabelle 3.1: Werkstoffe der Crashbox

Einzelteil	Nom. Wanddicke / mm	Werkstoff
Innenblech	2,0	DP780
Außenblech	1,8	DP780
Schottplatte	2,0	DP780
Querträgerstück	2,0	BTR165
Halter	3,5	ZSTE420

Effekte aus dem Umformverfahren

Die Bedeutung der Berücksichtigung von Effekten aus dem Umformverfahren sowie ihrer werkstoffmechanischen Ursachen sind in Abschnitt 2.5.3 beschrieben. Für das Beispiel der Crashbox werden die Effekte auf der Basis des inversen Einschrittverfahrens abgeschätzt. Die plastischen Vorverfestigungen und Blechdickenverteilungen für das Innen- und Außenblech werden in Abbildung 3.2 dargestellt. Der Bereich der Sicken und Radien weist plastische Dehnungen und Ausdünnungen auf, während der Bereich an der Schnittstelle von Sicke und Radius eine vergleichsweise höhere plastische Anfangsdehnung und Aufdickung zeigt.

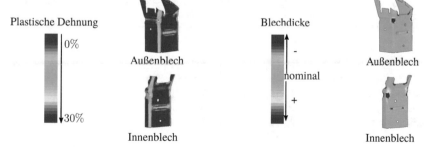

Abbildung 3.2: Effekte aus dem Umformverfahren bei der Crashbox

Erstellung des FE-Modells und der Verbindungstechnik

Das FE-Modell der Crashbox aus Abbildung 3.3 ist mit Schalenelementen vernetzt, die eine durchschnittliche Kantenlänge von 2 mm besitzen. Bei den Schalenelementen wird die Belytschko-Tsay-Formulierung mit fünf Integrationspunkten über die Schalendicke und mit einem Integrationspunkt auf der Schalenebene gewählt. Die Kontaktdicke entspricht der physikalischen Dicke der Einzelteile. Als Materialmodell für die tragenden Außen- und Innenbleche wird das elastisch-plastische Materialmodell MAT103 in Pam-Crash mit Dehnratenabhängigkeit gewählt. Um den Einfluss von Trägheitseffekten zu minimieren, wird die Dehnratenabhängigkeit der Fließkurven aus der Materialkarte entsprechend der Berechnungszeit mit dem Faktor $5 \cdot 10^{-4}$ skaliert. Dieser Faktor resultiert aus dem Verhältnis zwischen der tatsächlichen Zeit für den Druckversuch von 180 s und der Berechnungszeit für die Simulation von 100 ms. Der Stempel sowie die Grundplatte sind als Starrkörper modelliert. Die Grundplatte wird von unten nach oben in Stauchrichtung geführt, wobei die Bewegung der Stempelplatte in Druckrichtung geführt ist. Der Reibwert zwischen den Kontaktoberflächen von dem Stempel und der Crashbox beträgt 0,3.

Die Schottplatte ist durch vier Schrauben mit der Grundplatte verbunden. Eine Beschreibung der FE-Schraubenmodellierung findet sich in Abschnitt 5.1. Was die weiteren Verbindungstechniken dieses Modells betrifft, so wurden bei der Fertigung der Crashbox zwei Arten verwendet: MAG-Schweißnähte und Schweißpunktverbindungen. Die MAG-Schweißnähte dicken das Material auf und wirken versteifend. Sie werden hier mit Rigid-Body-Elementen modelliert. Alternativ wurde dazu die Modellierung mit TIED-Kontakten verglichen. Diese Modellierung nimmt allerdings keine Momente auf, die an dieser Stelle auftreten. Daher wird in den vorliegenden Untersuchungen die Modellierung mit Rigid-Body-Elementen präferiert. MAG-Schweißnähte werden für die Verbindung zwischen Crashboxblechen und Schottplatte sowie zwischen Crashboxblechen, Querträgerstück und Halter verwendet. Wesentlich für das Deformationsverhalten ist die Verbindung zwischen dem Außen- und dem Innenblech. Diese sind an den überlappenden Flächen mit jeweils sieben Schweißpunkten pro Seite miteinander verschweißt. Die Modellierung der Schweißpunkte erfolgt mit Feder-Balken-Elementen, die das Versagen hinsichtlich verschiedener Belastungsarten berücksichtigen. Darüber hinaus wird die Werkstoffänderung bei Warmformstählen infolge des thermischen Einflusses im Bereich der Schweißpunkte durch eine Wärmeeinflusszone in die Berechnung einbezogen. Das Versagenskriterium für die Feder-Balken-Elemente wird über ein kraftbasiertes Versagensmodell auf der Basis von Zug-, Scher- und Biegebelastung[1] folgendermaßen berechnet ESI [2016]:

$$\left(\frac{F_N}{F_{Nmax}}\right)^{1,5} + \left(\frac{F_S}{F_{Smax}}\right)^{1,8} + \left[\left(\frac{F_N}{F_{Nmax}}\right) \cdot \left(\frac{F_B}{F_{Bmax}}\right)\right]^2 \leq 1 \qquad (3.1)$$

F_N = *Normalkraft*   und F_{Nmax} = zulässige Normalkraft
F_S = *Scherkraft*   und F_{Nmax} = zulässige Scherkraft
F_B = *Biegekraft*   und F_{Bmax} = zulässige Biegekraft

---

[1]Versagen auf Biegebelastung tritt nur in Kombination mit Zubelastung auf.

Stempelplatte/ Impaktor

Crashbox

Schrauben

Grundplatte

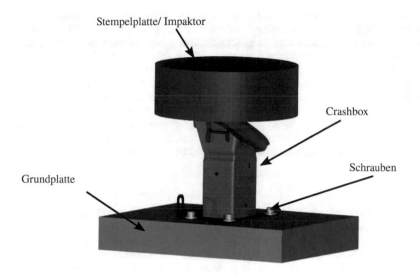

Abbildung 3.3: Simulationsmodell

3.2 Quasi-statische Druckversuche an Crashboxen

Bevor die Simulationsergebnisse mit den Ergebnissen aus dem Versuch abgeglichen werden, erfolgt die Vorstellung der Versuche. Dazu werden in diesem Unterkapitel der Versuchsaufbau und die Versuchsergebnisse erläutert. Zuvor gilt es jedoch, die Versuchsreihe in die gesamte Validierungshierarchie dieser Arbeit einzuordnen.

3.2.1 Methodik

Die im Folgenden dargestellte Vorgehensweise zum systematischen Versuchsabgleich von Crash-berechnungen aus Abbildung 3.4 auf Seite 43 wird in dieser Arbeit auf jeder der drei Komplexitäts-ebenen angewendet. Diese wird an dem Beispiel der Crashbox auf Bauteilebene für einen Lastfall erläutert.

Es existieren zwei parallel verlaufende Hauptprozesse: die versuchs- und die simulationsbezogenen Aktivitäten. Die simulationsbezogenen Abläufe werden nochmal in Berechnungen mit dem nomi-nalen Modell und mit dem Modell, das Informationen aus den technischen Bauteilvermessungen berücksichtigt, unterteilt.

Die Erstellung des nominalen Simulationsmodells erfolgt auf Basis von Informationen aus der Zeichnung. Die Erstellung des Simulationsmodells mit Vermessungsdaten ist deutlich aufwendi-ger, da vorab die Bauteil- und Materialeigenschaften durch technische Vermessungen ermittelt werden. Diese Informationen fließen anschließend durch CAE-Werkzeuge – wie beispielsweise das „Geometrie-Morphen" 3.3.2.3 – in das Simulationsmodell ein. Mit dem Ziel die Ergebnisgüte der Simulationsmodelle hinsichtlich Abbildung realer Deformationsvorgänge zu bewerten, werden

entsprechend zu den Simulationen mehrere Versuche je Lastfall durchgeführt. Nach Versuchsdurch-
führung werden die Rohdaten aufbereitet, so dass diese mit den Ergebnissen aus den Simulationen
abgeglichen werden können. Bei diesem Vergleich der Daten stehen vor allem Kraftverläufe und
Deformationsbilder im Vordergrund der Betrachtung. Wenn sich eine hohe Übereinstimmung
zwischen den Simulationsdaten und dem Versuch ergibt, beginnt der gesamte Ablauf von vorne
für andere Lastfälle. Bei diesem Vergleich ist besonders die mögliche Verbesserung zwischen
den Ergebnissen von dem nominalen Modell und von dem Modell mit Vermessungsdaten von
Interesse. Bei nicht zufriedenstellender Übereinstimmung zwischen Simulation und Versuch muss
gegebenenfalls das Modell bzw. die Definitionen der Randbedingungen korrigiert werden. Nachdem
die Simulationen auf einer Komplexitätsebene für die betrachteten Lastfälle mit den Versuchen
abgeglichen sind, beginnt der gleiche Ablauf auf der nächsthöheren Komplexitätsebene.

3.2.2 Versuchsaufbau

Abbildung 3.5 auf Seite 44 zeigt den Versuchsaufbau für die quasi-statischen Druckversuche an
einer servohydraulischen Universalprüfmaschine. Der Stempel hat in der ersten Versuchsreihe
eine Neigung von 0 Grad und in der zweiten Versuchsvariante eine Neigung von 10 Grad. Die
Schottplatte, die mit der Crashbox verschweißt ist, ist mittels vier Schrauben mit der Grundplatte
verbunden. Die Versuchsreihen werden im Folgenden *0-Grad-Versuche* und *10-Grad-Versuche*
genannt.

Die Grundplatte fährt in der Führung von unten nach oben mit einer Geschwindigkeit von 30 mm
pro Minute. Der Prüfkörper wird zwischen Grundplatte und fixiertem Stempel axial gestaucht.
Es werden je Versuchsvariante, also für beide Lasteinleitungswinkel, sechs gültige Versuche
durchgeführt und ausgewertet. Die Kraft in Druckrichtung wird mittels einer Kraftmessdose, die
über dem Stempel befestigt ist, aufgezeichnet.

3.2.3 Versuchsergebnisse

Die Ergebnisse der beiden Versuchsvarianten werden anhand der Kraft-Weg-Verläufe und der
charakteristischen Werte aus den Tabellen 3.2 und 3.3 beschrieben. Abbildung 3.6 zeigt links
die Kurven für die *0-Grad-Versuche*. Die hohe Übereinstimmung der Kraft-Weg-Verläufe demonstriert die gute Reproduzierbarkeit der Versuche, was sich auch in den Deformationsbildern
widerspiegelt. Abbildung 3.6 rechts zeigt die Ergebnisse in Form der Kraft-Weg-Verläufe bei den
10-Grad-Versuchen. Auch bei dieser Versuchsreihe ist eine hohe Reproduzierbarkeit der Versuche
festzustellen. Versuch 8 zeigt im Vergleich zu den anderen Versuchen ein leichte Abweichung im
Kraftverlauf ab dem dritten Kraftanstieg.

Grundsätzlich lassen die Versuchskurven bis zu einem Stempelweg von ungefähr 65 mm bzw.
bis zum vierten Kraftanstieg eine hohe Übereinstimmung in Kurvenform und -niveau erkennen.
Anschließend sind leichte Abweichungen zu erkennen. Bei der um 10 Grad geneigten Krafteinleitung
findet eine unterschiedliche Biegung der Crashbox zur Außenseite hin statt, so dass die Kraftverläufe
ab einem Stempelweg von ca. 60 mm leicht voneinander abweichen. In diesem Zusammenhang
ist zu erwähnen, dass die Versuche mit einem abgetrennten Querträgerstück durchgeführt werden
und die Crashbox nicht stabilisiert wird, wie es in einer Gesamtfahrzeugstruktur der Fall ist. Im
Gesamtfahrzeug stützt der komplette Querträger die beiden Crashboxen ab und nimmt Querkräfte
auf, so dass die Crashboxen bei einem schrägen Aufprall nicht in dem Maße zur Seite gedrückt
werden wie bei diesen Versuchen.

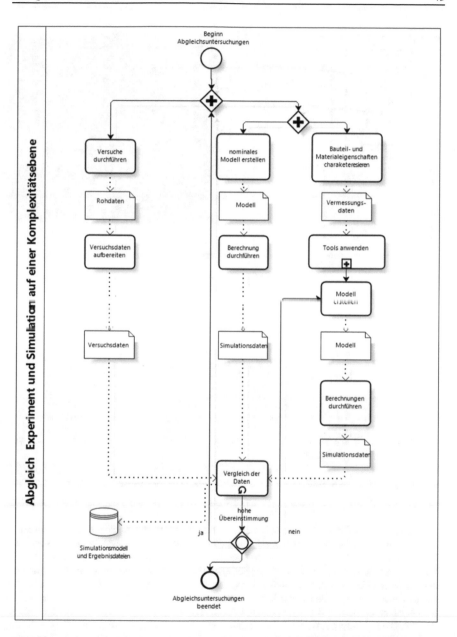

Abbildung 3.4: Ablaufplan zum sytematischen Abgleich von Experiment und Simulation

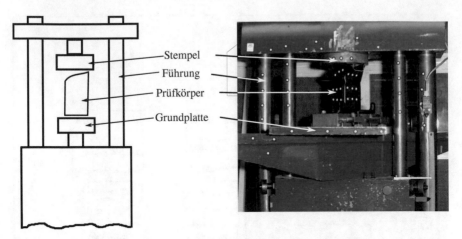

Abbildung 3.5: Links: Schematischer Aufbau der Universalprüfmaschine; rechts: Versuchsstand der Universalprüfmaschine

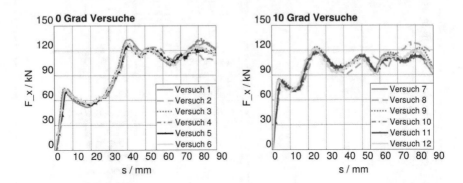

Abbildung 3.6: Kraft-Weg-Verläufe der quasi-statischen Versuche. Links: *0-Grad-Versuche*; rechts: *10-Grad-Versuche*

Die Tabellen 3.2 und 3.3 zeigen die auftretenden Maximalkräfte, den zurückgelegten Stempelweg zum Zeitpunkt der Maximalkraft und die mittleren Kräfte für die beiden Versuchsreihen. Die Kraftniveaus der Maximalkräfte sind bei den *0-Grad-Versuchen* höher als die der *10-Grad-Versuche*, jedoch sind die mittleren Kräfte geringer. Bei den 0-Grad-Versuchen bewegen sich die maximalen Kräfte zwischen 126 und 134 kN, was einer Streuung von ca. 6,2 % entspricht. Die maximalen Kräfte werden bei dieser Versuchsreihe während der zweiten Kraftspitze bei ca. 42 mm zurückgelegtem Stempelweg oder während der dritten Kraftspitze bei ca. 82 mm Stempelweg erreicht. Die Kraftniveaus während der zweiten und dritten Kraftspitze sind ungefähr gleich. Die mittleren Kräfte weisen eine geringe Streuung von 4,2 % um den Mittelwert 95 kN auf. Die Traglast bzw. der erste Kraftabfall ist bei allen Kraftverläufen bei ca. 72 kN (± 2 kN).

Bei den *10-Grad-Versuchen* variieren die Maximalkräfte zwischen 117 und 129 kN. Die Streuung der Maximalkräfte beträgt hier folglich 9,8 % um den Mittelwert 123 kN. Diese maximalen Kräfte treten – außer bei Versuch 8 – während der zweiten Kraftspitze auf. Bei Versuch 8 tritt sie während der letzten Kraftspitze auf. Die mittleren Kräfte streuen um ca. 2 % um den Mittelwert 100 kN. Die Traglast bei dem ersten Kraftabfall ist um 10 kN höher als bei den 0-Grad-Versuchen und liegt bei etwa 82 kN ($\pm$ 2 kN).

Tabelle 3.2: Ergebnisse der quasi-statischen *0-Grad-Versuche*

	Versuchsnummer						$\overline{x}$	R	R / %
	01	**02**	**03**	**04**	**05**	**06**			
F_{max} / kN	133	128	132	134	126	128	$130 \pm 3{,}3$	8	6,2
s / mm	42	42	82	82	41	40			
F_{mittel} / kN	95	92	96	96	93	95	$95 \pm 1{,}6$	4	4,2

Tabelle 3.3: Ergebnisse der quasi-statischen *10-Grad-Versuche*

	Versuchsnummer						$\overline{x}$	R	R / %
	07	**08**	**09**	**10**	**11**	**12**			
F_{max} / kN	120	129	124	118	117	122	$123 \pm 4{,}4$	12	9,8
s / mm	25	77	25	26	25	24			
F_{mittel} / kN	99	101	100	99	99	100	$100 \pm 0{,}8$	2,0	2

3.3 Simulationsabgleich der Crashbox für quasi-statische Lastfälle

Nachdem die Versuchsergebnisse vorgestellt worden sind, werden im Folgenden verschiedene Simulationen mit den Versuchen im Detail abgeglichen.

3.3.1 Simulationsergebnisse mit nominalen Eingangsgrößen

Das Ausgangsmodell beinhaltet nominale Werte für die Eingangsgrößen aus den Zeichnungsangaben für die Geometrie und die Blechdicken. Die Materialkarte beinhaltet die dehnratenabhängigen Fließkurven aus einer vorhandenen Materialkarte und der Stempel folgt einer idealisierten Bewegung in Stauchrichtung. Die Kraftverläufe für die quasi-statischen Untersuchungen werden mit dem Filter CFC 60 gefiltert. Bei Betrachtung von Abbildung 3.7 links ist zu sehen, dass der Kraftverlauf des Ausgangsmodells bereits eine gute Übereinstimmungsgüte mit Blick auf die Versuchskurve aufweist. Die Unterschiede liegen im Wesentlichen im Bereich der Anfangssteigung, der Charakteristik der zweiten Kraftspitze und im dritten Kraftanstieg. Ein Vergleich der Schnittdarstellungen für die Enddeformationen aus Abbildung 3.7 rechts zeigt noch deutliche Abweichungen gegenüber dem Versuch. Hier sind die Hauptunterschiede in der unteren Beulenausprägung und in der Faltenbildung im oberen Teil der Crashbox zu erkennen. Die genannten Abweichungen und die wesentlichen Einflussgrößen zur Verbesserung der Korrespondenz zwischen Simulation und Versuch werden im Folgendem im Detail analysiert.

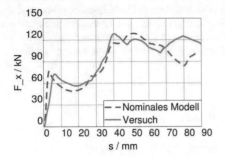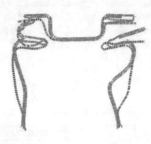

Abbildung 3.7: Übereinstimmung des nominalen Ausgangsmodells mit dem Versuch. Links: Kraftverläufe und rechts: Schnittdarstellungen der Enddeformationen

3.3.2 Reduzierung epistemischer Ungewissheit

Wie eingangs im Grundlagenkapitel erläutert, versteht man unter epistemischer Ungewissheit einen potentiellen Mangel an Information über den Versuchskörper und die Versuchsrandbedingungen aufgrund fehlenden Wissens aus der Bauteil- und Materialcharakterisierung. Diese Ungewissheit ist durch etablierte Mittel wie photogrammetrische Geometrie- und Wanddickenvermessung, Materialcharakterisierungen und Trajektorienmessung reduzierbar. In diesem Kapitel wird der Einfluss der Berücksichtigung verschiedener Informationen aus den Messungen in dem Modell auf die Simulationsergebnisse untersucht. Dabei steht der Vergleich der Kraftverläufe in Stauchrichtung sowie der visuelle Vergleich der Deformationsmodi und der Restlänge im Vordergrund. Durch den Vergleich der Deformationsbilder können indirekt Aussagen über die Übereinstimmungsgüte von Versuch und Simulation hinsichtlich der eingeleiteten Momente und der Querkräfte gemacht werden. Es stellt sich in diesem Zusammenhang die Frage, ob das eingebrachte Wissen aus Bauteil- und Materialcharakterisierung die Abbildungsgüte entscheidend erhöht und welche Faktoren den größten Einfluss haben.

3.3.2.1 Stempeltrajektorie

Die Messung der Stempeltrajektorie stellt eine Charakterisierung der Versuchsrandbedingungen dar und findet während des Versuchs und nicht vor dem Versuch statt, wie dies bei den anderen Untersuchungsaspekten, die im weiteren Verlauf dieses Kapitels beleuchtet werden, der Fall ist. Aus Validierungssicht hat die Trajektorienmessung zwei Hauptanwendungen: Erstens dient sie dazu, Bewegungen von Punkten auf dem Versuchskörper und Impaktor bzw. Rollwagen mit denen aus der Simulation zu vergleichen. Zweitens eignet sie sich als Eingangsgröße zur Steuerung der Impaktor- bzw. Rollwagenbewegung, um den Einfluss der tatsächlich gemessenen Bewegung im Vergleich zur idealisierten Bewegung zu bewerten.

Messung der Trajektorie im Versuch

Der untere Teil der Prüfmaschine, der sich mit der Grundplatte von unten nach oben bewegt, ist geführt. Dennoch ist eine leichte Abweichung von der idealen, linearen Bewegung in alle drei

Achsen zu beobachten. Um dieses Spiel bei der Auswertung zu berücksichtigen, wird die Bewegung der Grundplatte mittels des Punkteverfolgungssystems aufgenommen. Damit wird die Unsicherheit über die tatsächliche Stempelbewegung im Rahmen der Messgenauigkeit reduziert.

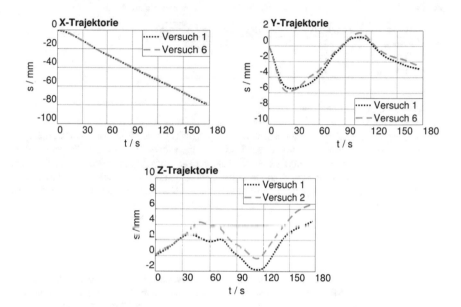

Abbildung 3.8: Gemessene Trajektorien

Abbildung 3.8 zeigt die Stempelbewegung in allen drei Raumachsen für den *0-Grad-Lastfall*. Dabei ist eine maximale Abweichung von der idealisierten Trajektorie von 6 mm in Y-Richtung und 4 mm in Z-Richtung zu erkennen. Aufgrund der Maschinensteifigkeit verläuft auch die Trajektorie der X-Komponente nicht exakt linear, sondern besitzt vor allem am Anfang eine leichte Abweichung von der idealisierten, linearen Bewegung. Um den Einfluss dieser gemessenen Bewegung zu analysieren, werden diese Trajektorien in die Stempelbewegung des Simulationsmodells eingesetzt.

Berücksichtigung der gemessenen Trajektorie im Modell

Bei Betrachtung des gesamten Kraftverlaufs aus Abbildung 3.10 auf Seite 50 ist der Einfluss der gemessenen Trajektorie im Vergleich zum Ausgangsmodell mit idealisierter Stempelbewegung gering. Hier wird mit demjenigen Versuch verglichen, bei dem die implementierte Trajektorie auch gemessen wurde. Der Hauptunterschied liegt in der Anfangssteigung und dem Lastniveau beim ersten Kraftabfall. Die nahezu lineare Anfangssteigung des Ausgangsmodells ist im Vergleich zu dem Versuch zu hoch und die Traglast bei dem ersten Kraftabfall wird überschätzt. Beide Größen werden verbessert (siehe Tabelle 3.4). Im Bereich der Anfangssteigung wird durch Berücksichtigung der aufgezeichneten Bewegung in Stauchrichtung gleichzeitig die Nachgiebigkeit der Maschine bzw. die Maschinensteifigkeit berücksichtigt. Zusammenfassend lässt sich feststellen, dass sich durch Berücksichtigung der gemessenen Stempeltrajektorie eine Verbesserung im elastischen Bereich und bei der Traglast erzielen lässt.

Tabelle 3.4: Charakteristische Größen der Kraftverläufe bis zum ersten Kraftabfall

Kurve	Traglast / kN	Anfangssteigung / kN/mm
Versuch	71	14,7
Sim. Trajektorie	70	21,2
Sim. nominal	75	34,2

3.3.2.2 Materialeigenschaften

Der in diesem Abschnitt dargestellte Untersuchungsaspekt ist der Einfluss der Materialeigenschaften, die aus Bauteilproben der in dieser Versuchsreihe verwendeten Versuchskörper ermittelt wurde. Das Ausgangsmodell beinhaltet für den untersuchten aufgehärteten Dualphasen-Stahl der Crashboxen eine Materialkarte mit dehnratenabhängigen Fließkurven. Die maximal zulässige Herstellertoleranzbreite der Fließgrenzen für den untersuchten Dualphasen-Stahl liegt bei ± 50 MPa. Es werden versuchsspezifische Fließkurven aus Bauteilproben der Prüfkörper mit denen aus der vorhandenen Materialkarte verglichen. Zu diesem Zweck werden aus vier Bauteilen Zugproben aus dem unverfestigten Bereich entnommen und Spannungs-Dehnungskurven aus einachsigen Zugversuchen ermittelt (Abbildung 3.9 links).

Tabelle 3.5 zeigt die wichtigen Größen aus den Zugversuchen. Die Streuung der Zugfestigkeiten R_m beträgt ca. 2 % und kann somit als gering bewertet werden. Die Fließgrenzen $R_{p0,2}$ liegen zwischen 440 und 550 MPa und bewegen sich damit für diesen Untersuchungsgegenstand innerhalb einer zulässigen Herstellertoleranz, wobei die Fließkurven von hoher Übereinstimmung sind.

Zwecks Erstellung der Materialkarte wird die Fließkurve der Probe 4 verwendet. Dabei wird die Spannungs-Dehnungs-Kurve bis zur Gleichmaßdehnung übernommen und für höhere Dehnungen extrapoliert. Abbildung 3.9 rechts zeigt einen Vergleich der Fließkurven aus der vorhandenen Materialkarte und aus dem versuchsspezifischen Zugversuch. Dabei ist die wahre Spannung aufgetragen. Bis zu einer wahren Spannung von etwa 780 MPa zeigt das Material aus dem versuchsspezifischen Zugversuch eine höhere Festigkeit als das Material aus der vorhandenen Materialkarte. Anschließend ist die Festigkeit des versuchsspezifischen Materials vergleichsweise geringer.

Bei der Gegenüberstellung der Kraftverläufe des Ausgangsmodells mit der Fließkurve aus der vorhandenen Materialkarte und dem Modell, das die versuchsspezifischen Fließkurven berücksichtigt, ist erst ab der zweiten Kraftspitze bei etwa 40 mm Stempelweg eine leichte Abweichung zu beobachten. Insgesamt ist kein signifikanter Unterschied in den Kraftverläufen festzustellen.

Die Untersuchung zeigt, dass (i) nur eine sehr geringe Abweichung der Materialeigenschaften zwischen den bereits vorhandenen Fließkurven der Materialkarte und den Fließkurven aus der in dieser Arbeit durchgeführten Materialcharakterisierung besteht und (ii) diese geringe Abweichung keinen signifikanten Einfluss auf den Kraftverlauf der Stauchsimulation hat.

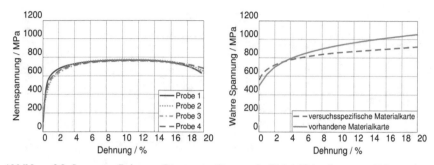

Abbildung 3.9: Spannungs-Dehnungs-Diagramme: Zugversuche (links); Wahre Spannungs-Dehnungskurve aus Versuch und Materialkarte (rechts)

Tabelle 3.5: Ergebnistabelle Zugversuche

Probe	a_0 / mm	b_0 / mm	$R_{p0,2}$ / MPa	R_m / MPa	A_g / %	A_{30} / %
Probe 1	1,868	10,01	549	769	10,64	19,2
Probe 2	1,880	9,99	440	776	9,93	19,5
Probe 3	1,860	10,01	446	761	10,67	19,7
Probe 4	1,860	10,01	480	763	10,53	20,4

3.3.2.3 Geometrievermessung

In dieser Studie stehen die Bauteilgeometrie und herstellungsbedingte Abweichungen von der Zeichnungsgeometrie im Vordergrund. Zu diesem Zweck erfolgt zunächst ein Vergleich der Geometrien aus der Vermessung und der Zeichnung. Anschließend wird der Einfluss der gemessenen Geometrieinformation in der Simulation dargestellt.

Abweichung zwischen Zeichnungs- und vermessener Geometrie

Die Geometrieabweichungen zwischen Zeichnung und Vermessung sind in den vier dargestellten Schnittdarstellungen aus der Abbildung 3.16 ersichtlich. Es liegen die Geometrieinformationen aus sechs photogrammetrischen Bauteilvermessungen vor. Ein Vergleich zeigt, dass die Abweichungen innerhalb der sechs vermessenen Geometrien gering sind. Es ist keine deutliche Geometrieabweichung zwischen den vermessenen Bauteilen sichtbar. Hingegen ist die Abweichung zwischen einer der vermessenen Geometrien und der Zeichnungsgeometrie signifikant. Die maximalen lokalen Geometrieabweichungen liegen innerhalb der zulässigen Fertigungstoleranz. Die hohe Übereinstimmung der vermessenen Geometrien erlaubt in erster Näherung, dass Rückschlüsse von einer vermessenen Geometrie auf die Gesamtheit der Vermessungen gezogen werden können.

Die Konturdarstellung in Abbildung 3.17 macht lokale Geometrieabweichungen sichtbar. Diese sind vor allem in der Ansicht unten im hinteren Teil der Crashbox (aus Fahrzeugperspektive) zu erkennen. Darüber hinaus sind die gemessenen Positionen des Querträgerstücks im Vergleich zur Zeichnungsposition etwas versetzt. Bei den vermessenen Bauteilen liegt eine Abweichung von 0,5 mm bis 2,1 mm in der Höhe vor. Diese Differenz in der Höhe zwischen rechter Seite und

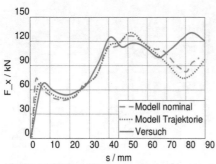

Abbildung 3.10: Stempeltrajektorie

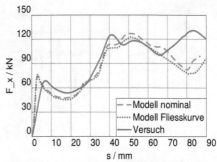

Abbildung 3.11: Materialeigenschaften

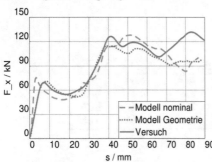

Abbildung 3.12: Geometrievermessung

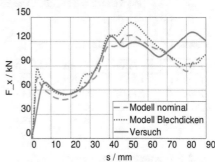

Abbildung 3.13: Blechdickenvermessung

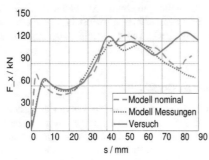

Abbildung 3.14: mit allen Vermessungsdaten

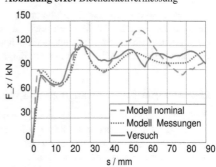

Abbildung 3.15: 10 Grad Lasteinleitung

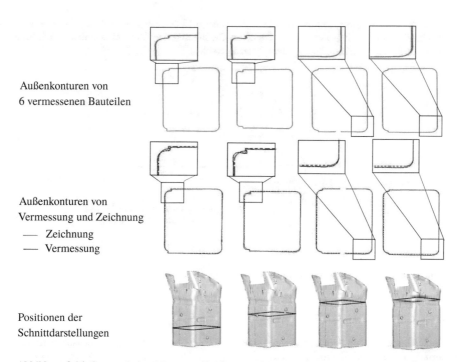

Außenkonturen von
6 vermessenen Bauteilen

Außenkonturen von
Vermessung und Zeichnung
— Zeichnung
— Vermessung

Positionen der
Schnittdarstellungen

Abbildung 3.16: Geometrieabweichung von Zeichnung zu Messung als Schnittdarstellungen

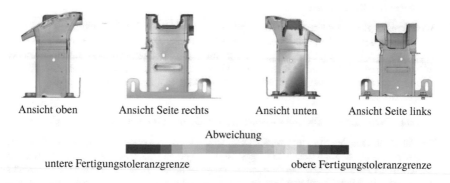

Ansicht oben   Ansicht Seite rechts   Ansicht unten   Ansicht Seite links

Abweichung

untere Fertigungstoleranzgrenze   obere Fertigungstoleranzgrenze

Abbildung 3.17: Geometrieabweichung von Zeichnung zu Messung als Konturdarstellung

linker Seite – wie in den Schnittbildern aus Abbildung 3.18 dargestellt – resultiert aus einer nicht
gleichmäßigen Anbindung des Querträgers an die Crashboxen. Der Stempel liegt daher zu Beginn
des Kontakts nicht gleichmäßig auf dem Querträgerstück.

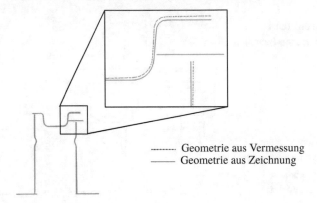

-------- Geometrie aus Vermessung
——— Geometrie aus Zeichnung

Abbildung 3.18: Position des Querträgerstücks

Berücksichtigung der gemessenen Geometrieinformationen

Die Berücksichtigung der Geometriedaten der Crashbox aus der photogrammetrischen Bauteilvermessung lässt sich durch das sogenannte *Morphen* realisieren. Bei diesem Vorgang wird das
vorhandene Netz des Ausgangsmodells auf das Vermessungsmodell projeziert. Dabei bleiben die
Form der Elemente und *Knoten-IDs* identisch, so dass ein direkter Vergleich der Simulationsergebnisse zwischen dem ursprünglichen Modell mit Zeichnungsgeometrie – im weiteren Verlauf Modell
CAD genannt – und dem neuen Modell mit Vermessungsdaten – im weiteren Verlauf Modell
Geometrie genannt – ermöglicht wird, ohne dass Effekte aus unterschiedlichen Diskretisierungen
eine dominante Rolle spielen.

Bei einem Vergleich der Kraftverläufe (Abbildung 3.12 auf Seite 50) lässt sich eine signifikante
Verbesserung der Abbildungsgüte durch die Berücksichtigung der Geometriedaten aus der Vermessung feststellen. Vor allem die Anfangssteigung und die Traglast beim ersten Kraftabfall stimmen
nun in hohem Maße mit dem Versuch überein. Der zweite Kraftanstieg und die Charakteristik der
zweiten Kraftspitze sind durch diese Maßnahme ebenfalls deutlich verbessert worden.

Ursachen für unterschiedliche Kraftverläufe und Deformationsbilder

Die Unterschiede in den Spannungsverläufen während des Deformationsvorgangs beider betrachte-
ter Modelle ist in der Abbildung 3.19 dargestellt. Diese geben Aufschluss über die Auswirkungen
geometrischer Abweichungen bei dem untersuchten Impaktvorgang. Links sind die Vergleichs-
spannungen des Modells mit den Geometriedaten aus der Vermessung und rechts die des Ausgangsmodells zu den verschiedenen Simulationszeitpunkten, an denen ein bestimmter Stempelweg
zurückgelegt ist, zu sehen. Die Bandbreite der dargestellten Spannungen reicht von 0 bis 2 GPa. Es
werden die maximalen Von-Mises-Vergleichsspannungen über den fünf Integrationspunkten der
einzelnen Elemente ausgegeben.

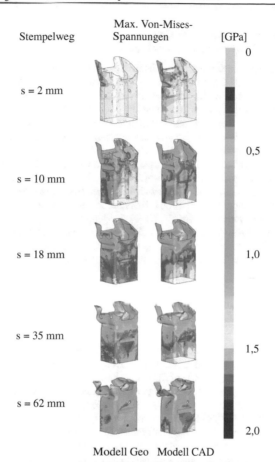

Abbildung 3.19: Unterschiede in den Spannungsverläufen aufgrund geometrischer Abweichungen. Links: Modell mit Geometriedaten aus Vermessung (Modell Geo), rechts: Ausgangsmodell (Modell CAD)

Bei dem Ausgangsmodell mit idealer CAD-Geometrie sind die gegenüberliegenden Flanken der Crashbox plan-parallel und orthogonal zu den Oberflächen der Schottplatten angeordnet. Aufgrund der in Abbildung 3.18 dargestellten Abweichung in der Anbindung des Querträgerstücks im Vergleich zum nominalen Modell ergibt sich bereits am Anfang des Deformationsvorgangs bei einem Stempelweg[2] von 2 mm ein Unterschied in der Krafteinleitung in das Modell. Im Gegensatz zu dem Modell CAD, bei dem die Kraft gleichmäßig über das Querträgerstück in die Crashbox eingeleitet wird, sind bei dem Modell Geometrie erste Spannungen im oberen linken Bereich [3] zu beobachten. In diesem Bereich entstehen auch die ersten plastischen Dehnungen. Der anfängliche Kraftanstieg und die Traglast sind dadurch geringer und stimmen signifikant besser mit der

---

[2]Der Stempel ist bei beiden Modellen zum Zeitpunkt $t = 0$ auf Kontaktabstand positioniert
[3]Die Spannungsverläufe werden aus der dargestellten Perspektive und nicht aus Fahrzeugsicht beschrieben.

Versuchskurve überein (vgl. die Kraftverläufe aus Abbildung 3.12 auf Seite 50). Die hintere Flanke der Crashbox ist am Anfang der Stauchung die tragende Seite.

Bei einem Stempelweg von 10 mm wird der Unterschied in den Spannungsverläufen noch deutlicher. Während bei dem Modell CAD die Spannung gleichmäßig durch die hintere Flanke verläuft, ist die Spannung bei dem Modell Geometrie noch in der oberen linken Flanke konzentriert. Erst ab einem Stempelweg von ca. 18 mm ist bei dem Modell Geometrie eine gleichmäßigere Spannungsverteilung zu sehen. Im Unterschied zu dem Modell CAD sind hier bereits zu diesem Zeitpunkt Spannungen im unteren Bereich der vorderen Crashbox-Flanke zu beobachten. Der Kraftverlauf ab einem Stempelweg von 35 mm, also während der zweiten Kraftspitze, stimmt bei dem Modell mit vermessenen Geometriedaten nach Abbildung 3.12 signifikant besser mit der Versuchskurve überein. Auch zu diesem Zeitpunkt ist ein deutlicher Unterschied auf der vorderen und hinteren Flanke der Crashbox zu beobachten. Bei dem Modell CAD stellt sich diese Lastumkehr auf die vordere Flanke bzw. das Erscheinen der Spannungen in diesem Bereich erst ab einem Stempelweg von ca. 62 mm ein. Die Abbildung 3.19 verdeutlicht den Unterschied in den Spannungsverläufen aufgrund unterschiedlicher Geometrien und den damit einhergehenden Kraftverläufen und zeigt so die Verbesserungen, die sich hinsichtlich der Übereinstimmung mit dem Versuch aufgrund der Geometrieinformation aus der Vermessung ergeben.

3.3.2.4 Gemessene Blechdickenverteilung

Die Blechdicken der Platinen, aus denen die Crashboxen geformt sind, unterliegen gewissen Fertigungsschwankungen. Hier soll der Effekt untersucht werden, der infolge der Berücksichtigung der gemessenen Blechdicken entsteht. Für diesen Zweck werden vier photogrammetrische Vermessungen der Blechdickenverteilung der Crashboxen vorgenommen. Die nominale Blechdicke beträgt für das Innenblech 1,8 mm und für das Außenblech 2,0 mm im unverfestigten Bereich. Die vier Messungen ergeben einen eindeutigen Trend zu höheren Blechdicken im Vergleich zur Zeichnungsangabe. Drei Messungen ergeben für das Innen- und Außenblech jeweils eine um 0,1 mm größere Dicke im Vergleich zum Nominalwert aus der Zeichnung. In einer Messung beträgt die Innenblechdicke sogar 2,2 mm, wie aus Tabelle 3.6 ersichtlich ist. Dieses Messergebnis bzw. dieser Trend wird mit den Blechdicken der entnommenen Bauteilproben aus dem Außenblech zur Ermittlung der Materialeigenschaften nochmals bestätigt (Tabelle 3.5).

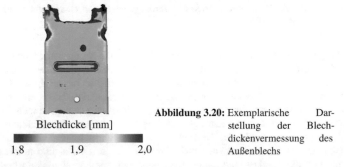

Blechdicke [mm]

1,8   1,9   2,0

Abbildung 3.20: Exemplarische Darstellung der Blechdickenvermessung des Außenblechs

Abbildung 3.20 zeigt exemplarisch die gemessene Blechdickenverteilung für das Außenblech. Ausschlaggebend für die Ermittlung der tatsächlichen Blechdicken sind die Dicken der Flanken, da in diesem Bereich die Umformeffekte gering sind. Wenn Umformeffekte auf den Flanken entstehen, dann handelt sich tendenziell um Ausdünnungen, so dass die ermittelte Blechdicke als Mindestangabe zu verstehen ist. Es handelt sich bei den gemessenen Bauteilen um lackierte Crashboxen, allerdings beträgt die Lackschicht ca. 100 μm. Durch diese Messung kann also die Ungewissheit über die tatsächliche Wandstärke reduziert werden. Da die Messtoleranzen unter 50 μm liegen, sind die Messergebnisse für diese Anwendung belastbar.

Tabelle 3.6: Blechdickenmessungen

Probe	Innenblechdicke / mm	Außenblechdicke / mm
1	2,1	1,9
2	2,1	1,9
3	2,2	1,9
4	2,1	1,9

Mit dem Ziel, den Einfluss der Blechdickeninformationen im Rahmen der Messtoleranz zu bestimmen, werden die Dicken der beiden Crashboxbleche um 0,1 mm erhöht. Anschließend werden die Effekte aus dem Umformverfahren wieder für diese Blechstärken mit dem Einschrittverfahren abgeschätzt. Die Arbeit von Zhang und Zhang [2016] belegt mit ihren numerischen und experimentellen Untersuchungen zum Stauchwiderstand von Vierkantrohren bei axialen Druckvorgängen, dass durch eine Erhöhung der Blechdicken das Kraftniveau entsprechend ansteigt. Dabei lässt sich erkennen, dass die Erhöhung der hohen Kraftspitzen überproportional im Vergleich zu den niedrigeren Kraftspitzen ist. Die Kurvencharakteristik ändert sich durch die Variation der Blechdicken nicht. Nach Abramowicz und Wierzbicki [1983], die unter anderem das Stauchverhalten von dünnwandigen polygonen Strukturen untersucht haben, ist die mittlere Kraft F_m bei Vierkantrohren aus Stahl eine Funktion der Fließspannung σ_0, der Blechdicke t und der Breite des Vierkantrohrs B. Für das symmetrische Faltenbeulen eines Vierkantrohrs gilt folgende Formel:

$$F_m = 9,56\sigma_0 \cdot B^{\frac{1}{3}} \cdot t^{\frac{5}{3}} \tag{3.2}$$

Da das Stauchverhalten der Crashbox auf den Deformationsprinzipien des Vierkantrohrs basiert (Abschnitt 2.5.2), lässt sich festhalten, dass die Blechdicken maßgebend für die mittlere Kraft und damit für die Energieabsorption sind.

Die Berücksichtigung der erhöhten Blechdicken aus der Vermessung in der Crashbox-Simulation hat eine Erhöhung des Kraftverlaufs zur Folge. In Abbildung 3.13 auf Seite 50 wird wieder mit dem Ergebnis aus der Berechnung mit nominalen Eingangsgrößen verglichen. Dabei lässt sich erkennen, dass die Erhöhung der hohen Kraftspitzen überproportional im Vergleich zu den niedrigeren Kraftspitzen ist. Mittels dieser Maßnahme ändert sich die Kurvencharakteristik nicht signifikant. Damit wird der oben genannte Effekt von Zhang und Zhang [2016] und Abramowicz und Wierzbicki [1983] bestätigt. Durch Erhöhung der Blechdicken ergibt sich zunächst eine Überschätzung der Kraft im Vergleich zu dem Versuch. Im weiteren Verlauf dieses Kapitels wird dargestellt, inwiefern sich diese Maßnahme in Kombination mit den anderen Einflussgrößen aus den Messungen auswirkt.

3.3.2.5 Kombination des eingebrachten Wissens

Im vorangegangenen Unterkapitel wurden die Auswirkungen isoliert betrachtet, die sich aus der Berücksichtigung der einzelnen Einflussgrößen aus den Messungen, wie der Stempeltrajektorie, der versuchsspezifischen Fließkurve und der Geometrie- sowie der Blechdickeninformation, ergeben haben. In diesem Abschnitt soll der Einfluss der Kombinatorik aus allen vier Maßnahmen analysiert werden.

Wenn alle vier Aspekte aus der Bauteil- und Materialcharakterisierung in das Simulations- modell einfließen, zeigt sich ein hohes Maß an Übereinstimmung zwischen Simulations- und Versuchskurve und zugleich eine signifikante Verbesserung gegenüber dem Ausgangsmodell mit nominalen Eingangsgrößen. Wie aus dem Kurvenvergleich in Abbildung 3.14 auf Seite 50 zu erkennen ist, stimmen nun die Anfangssteigung, die Traglast, der zweite Kraftanstieg und die Charakteristik sowie das Kraftniveau der zweiten Kraftspitze in hoher Güte überein. Allerdings wird der letzte Kraftanstieg mit dem Modell noch nicht abgebildet. Die deutliche Verbesserung in der Abbildungsgüte mit dem Simulationsmodell, das die Informationen über die physikalischen Bauteileigenschaften enthält, ist auch in den Deformationsbildern festzustellen (Abbildung 3.21). Bei Betrachtung des Innenteils zeigt sich eine bessere Abbildung der Falten im oberen Bereich der Crashbox. Auch die charakteristische Faltenbildung des Außenteils kommt mit dem verbesserten Modell dem Versuch näher. Insgesamt stimmt der Deformationsmodus mit diesem Modell deutlich besser mit dem des Versuchskörpers überein.

3.3.2.6 Übertragung auf den 10-Grad-Lastfall

Bei der Übertragung des Simulationsmodells auf den zweiten Lastfall wird der Stempel um 10 Grad geneigt, so dass sich die Lasteinleitung in die Crashbox ändert. Der Vergleich der Kurven aus Abbildung 3.15 und der Bilder der Enddeformation aus Abbildung 3.22 zeigt, dass das Modell, das die Informationen aus den Messungen enthält, auch für den 10-Grad-Lastfall in hoher Güte funktioniert. Auch hier zeigt sich nach Abbildung 3.15 gegenüber dem Ausgangsmodell, das bis zum Zeitpunkt der zweiten Kraftspitze bei ca. 25 mm Stempelweg bereits auf einem hohen Niveau mit dem Versuch übereinstimmt, eine Verbesserung der Kurvenübereinstimmung. Diese bezieht sich vor allem auf den anfänglichen Kraftanstieg, die Traglast bei der ersten Kraftspitze und den weiteren Verlauf ab der zweiten Kraftspitze. Die Kraftverläufe weichen ab dem dritten Kraftanstieg bzw. einem Stempelweg von ca. 40 mm voneinander ab. Allerdings treten auch bei den fünf durchgeführten Versuchen ab diesem Zeitpunkt Streuungen im Kraftverlauf auf. Die Bilder der Enddeformationen zeigen, dass sich mit dem modifizierten Modell auch die charakteristische Faltenbildung im oberen Bereich der Crashbox deutlich besser abbilden lässt. Die Ansicht der Deformationsbilder aus Abbildung 3.22 lässt ebenfalls eine signifikante Verbesserung hinsichtlich der Faltenbildung im oberen Bereich der Crashbox im Vergleich zum nominalen Ausgangsmodell erkennen.

Bestes Modell   Versuch   Nominales Modell

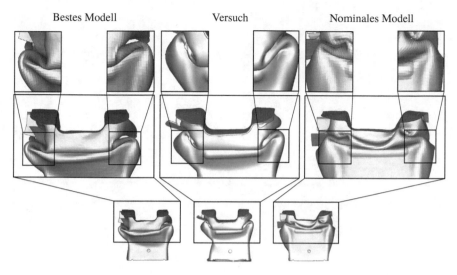

Ansicht Außenblech

Abbildung 3.21: Vergleich der Enddeformationen für den 0-Grad-Lastfall. Links: Bestes Modell mit Informationen aus Bauteilvermessungen, mitte: photogrammetrische Vermessung des Versuchskörpers und rechts: Nominales Modell

Bestes Modell   Versuch   Nominales Modell

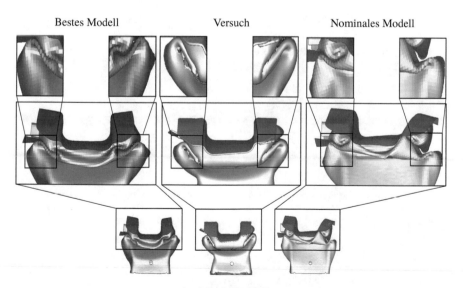

Ansicht Außenblech

Abbildung 3.22: Vergleich der Enddeformationen für den 10-Grad-Lastfall; Links: Bestes Modell mit Informationen aus Bauteilvermessungen, mitte: photogrammetrische Vermessung des Versuchskörpers und rechts: Nominales Modell

4 Dynamische Untersuchungen an Crashboxen

4.1 Dynamische Impaktversuche an Crashboxen

Nach den Untersuchungen an der Crashbox im quasi-statischen Bereich folgt nun der Transfer des abgeglichenen Modells in den dynamischen Bereich. Zunächst wird der Versuchsaufbau der Impaktversuche beschrieben, dann werden die Versuchsergebnisse dargestellt, um sie anschließend mit den Simulationsergebnissen zu vergleichen. Auch in diesem Kapitel erfolgt die Gegenüberstellung mit den Versuchsergebnissen im Vergleich zum nominalen Ausgangsmodell. Ziel der Untersuchung ist es zu prüfen, in welcher Güte das für langsame Lastfälle mit der Bauteilcharakterisierung abgeglichene Modell auch für schnellere Lastfälle funktioniert.

4.1.1 Versuchsaufbau

Der Versuchsaufbau der dynamischen Impaktversuche ist in Abbildung 4.1 dargestellt. Die Energie wird von dem Impaktor, der an den lateral und vertikal geführten Schlitten mit einer Gesamtmasse von 300 kg befestigt ist, über das Querträgerstück in die Crashbox eingeleitet. Es findet eine hochdynamische Verformung des Bauteils statt, bei der die eingeleitete Energie während des Impaktvorgangs von den Crashboxen vollständig aufgenommen wird. Das zu untersuchende Profil wird zentrisch über die Schottplatte auf die Grundplatte montiert und durch den Impaktor am Crashschlitten belastet. Die Kraftsignale werden mittels der hinter der Grundplatte positionierten Kraftmessdose aufgezeichnet.

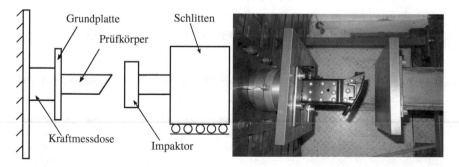

Abbildung 4.1: Links: Schematische Darstellung des Versuchsaufbaus; rechts: Bild des Versuchsaufbaus

4.1.2 Versuchsergebnisse

Im Folgendem werden die Versuchsergebnisse anhand der Versuchskurven sowie der charakteristischen Werte erläutert. Im Anschluss werden die Versuche mit den Simulationen verglichen. Hinsichtlich der Anfangs- und Randbedingungen ist zu erwähnen, dass die Versuche hintereinander

© Springer Fachmedien Wiesbaden GmbH, ein Teil von Springer Nature 2019
P. Wellkamp, *Prognosegüte von Crashberechnungen*, AutoUni – Schriftenreihe 133,
https://doi.org/10.1007/978-3-658-24151-3_4

bei Raumtemperatur durchgeführt werden. Die gemessenen Impaktorgeschwindigkeiten beim
Aufprall sind der Tabelle 4.1 und 4.2 zu entnehmen. Die Reproduzierbarkeit der Versuche ist bei
einer Streuung der Aufprallgeschwindigkeiten von 1,2 % bezogen auf die 0-Grad-Versuche und von
1,6 % bezogen auf die 10-Grad-Versuche als hoch zu bewerten. Auch die gemessenen Abweichungen
zum nominalen Aufprallwinkel bewegen sich unter 0,1 Grad, sind daher verschwindend gering,
und belegen ebenfalls eine hohe Wiederholgenauigkeit der beiden Versuchsreihen.

Versuchskurven

Es werden zwei dynamische Lastfälle betrachtet, die sich hinsichtlich ihres Lasteinleitungswinkels
unterscheiden. Bei der ersten Versuchsreihe werden fünf gültige Impaktversuche mit einem
Lasteinleitungswinkel von 0 Grad durchgeführt und bei der zweiten Versuchsreihe wird die Last
unter einem Winkel von 10 Grad in die Struktur eingeleitet. Im Folgenden werden diese beide
Lastfälle wieder als *0-Grad-Versuche* und *10-Grad-Versuche* bezeichnet. Abbildung 4.1 zeigt rechts
ein Bild des Versuchsaufbaus mit dem Impaktor. Es werden Kraftsignale mit einer Messfrequenz
von 10 kHz aufgenommen. Der Signalfilter ist ein CFC 600.

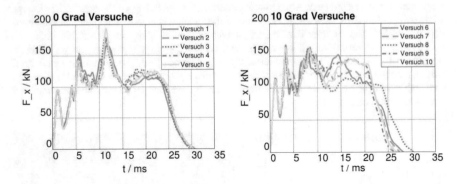

Abbildung 4.2: Kraft-Zeit-Verläufe der dynamischen Versuche. Links: *0-Grad-Versuche*; rechts: *10-Grad-Versuche*

Im Vergleich zur quasi-statischen Versuchsreihe ist zunächst zu beobachten, dass das Lastniveau
bei diesen Versuchen aufgrund von Plastifizierungseffekten höher ist. Die Kraft-Zeit-Verläufe
der *0-Grad-Versuche* aus Abbildung 4.2 weisen eine hohe Reproduzierbarkeit auf. Die Kraft-
Zeit-Verläufe der *10-Grad-Versuche* zeigen bis zu dem Zeitpunkt des vierten Kraftanstieg bei ca.
12 ms eine gute Wiederholgenauigkeit. Anschließend ist eine Abweichung zwischen den einzelnen
Kurvenverläufen zu beobachten. Die Crashboxen erfahren infolge der geneigten Lasteinleitung eine
Biegebelastung. Die Reibung zwischen Impaktor und Crashbox variiert bei den einzelnen Versuche,
da die Impaktoroberfläche vor jedem Versuch neu aufgeraut wird. Diese Maßnahme erweist
sich als notwendig um die seitliche Biegung kontrollierbar zu machen. Dennoch weichen die
Biegungen der Crashboxen zum Ende des Deformationsvorgangs voneinander ab, so dass sich auch
der Lastpfad in der Crashbox leicht ändert. Daraus resultiert eine Abweichung der Kraftverläufe ab
dem vierten Kraftanstieg in dem Deformaionszeitraum, in dem sich die untere Falte der Crashbox
bildet.

Tabelle 4.1: Ergebnisse der dynamischen *0-Grad-Versuche*

Versuch	01	02	03	04	05	$\bar{x}$	R	/ %
v_{Imp} / m/s	8,26	8,26	8,33	8,16	8,23	8,25	0,37	1,2
E_{kin} / J	10279	10279	10451	10029	10195	10247	422	4,1
Verformungs- weg / mm	98	100	102	101	102	100	4	4,0
F_{mittel} / kN	99	99	93	98	94	$97 \pm 2,8$	6	6,4
F_{max} / kN	167	177	180	176	193	$179 \pm 8,4$	26	9,0

Tabelle 4.2: Ergebnisse der dynamischen *10-Grad-Versuche*

Versuch	06	07	08	09	10	$\bar{x}$	R	/ %
v_{Imp} / m/s	8,33	8,23	8,23	8,23	8,2	8,24	0,47	1,6
E_{kin} / J	10451	10195	10195	10195	10365	10229	256	3,3
Verformungs- weg / mm	90	87	92	86	88	88	6	6,8
F_{mittel} kN	108	113	103	114	111	$110 \pm 3,9$	11	10,0
F_{max} kN	167	166	160	156	163	$162 \pm 4,0$	12	7,4

Charakteristische Werte

Die Tabellen 4.1 und 4.2 zeigen jeweils eine Übersicht über die charakteristischen Werte aus beiden Versuchsreihen: die gemessene Impaktorgeschwindigkeit, die eingeleitete Energie, den Verformungsweg, die mittlere Kraft und die Maximalkraft. Als Indikatoren zur Bewertung der Reproduzierbarkeit der Versuche dienen die Streubreite R (absolut und relativ zum Mittelwert) und die Standardabweichung σ. Die Impaktorgeschwindigkeiten streuen bei den *0-Grad-Versuchen* um 1,2 % und bei den *10-Grad-Versuchen* um 1,6 %, was als gering zu bewerten ist. Die Verformungswege und damit die Restlängen der Crashboxen zeigen eine Streuung von 4 % um den Mittelwert 100 mm bei den *0-Grad-Versuchen* und eine Streuung von 6,8 % um den Mittelwert von 88 mm bei den *10-Grad-Versuchen*. Die Maximalkräfte, die während der dritten Kraftspitze auftreten, variieren bei den *0-Grad-Versuchen* zwischen 167 und 193 kN. Die zeitlichen mittleren Kräfte variieren um 6,4 % um 97 kN. Die *10-Grad-Versuchen* zeigen eine etwas höhere Streuung hinsichtlich der mittleren Kraft von 10 % um den Mittelwert 110 kN und bezüglich der Maximalkraft von 7,4 % um den Mittelwert 162 kN.

4.2 Transfer auf dynamische Lastfälle

Um sicherzustellen, dass das Simulationsmodell mit dem aus Messungen eingebrachten Wissen (siehe Kapitel 3) für verschiedene Impaktorgeschwindigkeiten und Lasteinfallswinkel in hoher Abbildungsgüte funktioniert, wird im Folgenden der Transfer vom langsamen zum schnellen Lastfall geprüft. Zunächst werden die Abgleichergebnisse des 0-Grad- und anschließend des 10-Grad-Lastfalls untersucht. Für die dynamischen Berechnungen wird dasselbe Simulationsmodell verwendet, allerdings besteht der Stempel aus einem Starrkörper in Form eines Zylinders mit einer Masse von 300 kg (Schlittenmasse des Versuchs). In diesen dynamischen Berechnungen wird zwischen Gleit- und Haftreibung zwischen Stempel und Prüfkörper differenziert. Der Koeffizient für die Haftreibung entspricht 0,15 und der für die Gleitreibung 0,1.

4.2.1 Lasteinfallswinkel 0 Grad

Der Graph in Abbildung 4.3 zeigt einen Vergleich der Kraftverläufe aus der Simulation mit Vermessungsdaten, dem nominalen Ausgangsmodell und dem Versuch (gemittelte Versuchskurve aus fünf gültigen Versuchen). Bis zum Zeitpunkt des zweiten Kraftabfalls stimmen die Kraftverläufe aus dem Versuch und dem nominalen Ausgangsmodell gut überein; anschließend ist eine deutliche Abweichung zu erkennen. Das verbesserte Modell zeigt eine signifikante Verbesserung der Kurvenübereinstimmung. So korreliert hier der Kraftverlauf während der dritten Faltenbildung und am Ende des Verlaufs besser mit dem Versuch. Nach der CORA-Bewertung erhöht sich der Übereinstimmungsgrad von 82 % auf 95 % (Tabelle 4.3). Daher lässt sich festhalten, dass der Transfer des Modells zum schnellen Lastfall in hoher Güte funktioniert.

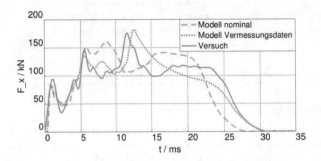

Abbildung 4.3: Kraftverläufe des dynamischen Lastfalls bei 0 Grad Lasteinleitung

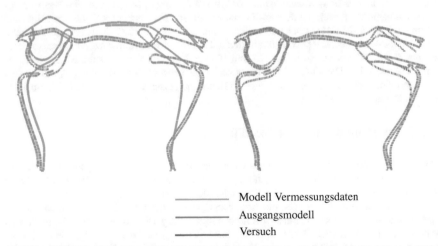

_____ Modell Vermessungsdaten

_____ Ausgangsmodell

_____ Versuch

Abbildung 4.4: Schnittdarstellungen der Crashboxen in der Enddeformation bei dem *0-Grad-Versuch*. Links: Ausgangsmodell und Versuch; rechts: Modell mit Vermessungsdaten und Versuch

Zur Beurteilung der Übereinstimmungsgüte zwischen Versuch und Simulation ist neben der Betrachtung der Kraftverläufe auch die Entsprechung der Deformationsmodi wesentlich. Abbil-

Tabelle 4.3: Kurvenübereinstimmung und Differenzen der Restlängen im Vergleich zu dem Versuch

	Crashbox dynamisch 0 Grad		Crashbox dynamisch 10 Grad	
	nominal	bestes	nominal	bestes
Rating / %	82	95	89	91
Δl_{Rest} / mm	ca. 9	ca. 0	ca. 1	ca. 0

dung 4.4 zeigt die Schnittdarstellungen der Crashbox aus Versuch und Simulation im Zustand der Enddeformation. Links sind die Konturen des nominalen Modells und des Versuchs und rechts die des Modells mit Vermessungsdaten und des Versuchs zu sehen. Zunächst ist eine Verbesserung in der Restlänge zu erkennen, was ein wichtiges Kriterium darstellt. Die Differenz in der Restlänge im Vergleich zu der vermessenen, deformierten Geometrie aus dem Versuch verbessert sich von ca. 9 mm auf ca. 0 mm. Die Messungen der Restlängen werden manuell vorgenommen und beinhalten eine Messunsicherheit von ca. ± 0,5 mm. Darüber hinaus werden die charakteristische Faltenbildung im linken oberen Bereich sowie die Beulenausprägung der linken Flanke gegenüber dem Ausgangsmodell deutlich besser dargestellt. So lässt sich insgesamt eine signifikante Verbesserung der Korrespondenz zwischen Versuch und Simulation hinsichtlich Kraftverlauf und Deformationsbild feststellen.

4.2.2 Lasteinleitungswinkel 10 Grad

Wie im quasi-statischen Bereich wird auch im dynamischen Bereich die Modellgüte neben dem 0-Grad-Lastfall unter einer Lasteinleitung von 10 Grad untersucht, um zu zeigen, dass die Verbesserungsmaßnahmen für verschiedene Lastfälle nachhaltig belastbar sind. Der Graph aus Abbildung 4.5 veranschaulicht die Kraft Zeit Verläufe aus der Simulation mit Vermessungsdaten, dem nominalen Ausgangsmodell und dem Versuch. Hier zeigt sich bereits eine hohe Übereinstimmung der Kurve des Ausgangsmodells mit derjenigen des Versuchs. Eine Abweichung ist bei der dritten Kraftspitze sichtbar. In diesem Bereich zeigt das Modell mit Vermessungsdaten eine Steigerung der Entsprechung zwischen Versuch und Simulation. Dies gilt auch für den Endverlauf der Kurve, so dass sich insgesamt gemäß der CORA-Bewertung eine leichte Verbesserung der Korrespondenz um 2 Prozentpunkte von 89 % auf 91 % (vgl. Tabelle 4.3) feststellen lässt. Die Traglast beim Kollabieren der ersten Falte wird auch mit dem verbesserten Modell um ca. 10 kN unterschätzt.

Bei der Betrachtung der Schnittdarstellungen in der Enddeformation ist eine deutliche Verbesserung in der Verformung des Querträgerstücks sowie bei der charakteristischen Faltenbildung rechts oben in der gestauchten Crashbox wie auch in der Wölbung der Flanken auf der linken und rechten Seite zu erkennen. Die Restlängen stimmen bei beiden Modellen mit dem Versuch überein. Die Schnittkonturen des deformierten Versuchsteils und der Simulation mit Vermessungsdaten liegen fast übereinander (Abbildung 4.6). Somit lässt sich auch für den *10-Grad-Versuch* konstatieren, dass die Übereinstimmung beim Kraftverlauf leicht und beim Deformationsmodus signifikant verbessert werden konnte. Der Transfer des Modells aus dem quasi-statischen Abgleich auf schnelle Lastfälle unter verschiedenen Lasteinleitungswinkeln hat sich dieser Untersuchung zufolge damit bewährt.

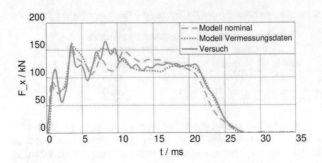

Abbildung 4.5: Kraftverläufe des dynamischen Lastfalls bei 10 Grad Lasteinleitung

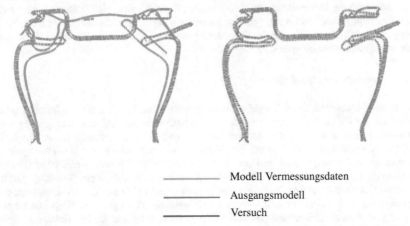

———————— Modell Vermessungsdaten

———————— Ausgangsmodell

———————— Versuch

Abbildung 4.6: Schnittdarstellungen der Crashboxen in der Enddeformation bei dem *10-Grad-Versuch*. Links: Ausgangsmodell und Versuch; rechts: Modell mit Vermessungsdaten und Versuch

4.3 Analyse des Deformationsvorgangs

Abbildung 4.7 auf Seite 66 dient dem besseren Verständnis der Plastifizierungsvorgänge während der Deformation. Charakteristische Zeitpunkte des Kraftverlaufs werden in dieser Grafik mit den entsprechenden Deformationsbildern und Konturdiagrammen, in denen Bereiche hoher plastischer Verfestigungen und Spannungen dargestellt sind, näher beleuchtet. Es werden nur die plastischen Dehnungen angezeigt, die in dem jeweiligen dargestellten Zeitschritt auftreten. Die Skalierung für die plastische Dehnung zeigt eine Bandbreite von 2 bis 30 %; die Von-Mises-Vergleichsspannungen werden im Bereich von 0,7 bis 1,5 GPa dargestellt. Betrachtet werden hier die Zeitpunkte kurz vor und nach einem Kraftabfall, die mit dem Kollabieren einer Falte in der Crashbox korrelieren. Die Beschreibungen beziehen sich auf die dargestellte Ansicht der Crashbox.

Zeitpunkt 1 ms:	Erreichen der Traglast nach der Lasteinleitung in das Innenblech; erste plastische Dehnungen im oberen Sickenbereich
Zeitpunkt 2 ms:	Kraftabfall nach Kollabieren der oberen Beule; erste Faltenbildung
Zeitpunkt 5 ms:	Erreichen der zweiten Kraftspitze nach erneuten Kraftanstieg durch Kontakt bzw. Blockbildung von Blechbereichen
Zeitpunkt 12 ms:	Erreichen der dritten Kraftspitze
Zeitpunkt 13 ms:	Kollabieren der unteren Wölbung bzw. Entstehung der dritten Falte
Zeitpunkt 35 ms:	Enddeformation; achsensymmetrische Faltenbildung

Zum Zeitpunkt 1 ms ist die Traglast bei der ersten Kraftspitze bereits erreicht. Es ist ersichtlich, dass die Kraft zunächst in das Innenblech der Crashbox eingeleitet wird und erste plastische Dehnungen im oberen Bereich auftreten. An den Stellen der Spannungsspitzen treten die größten Dehnungen auf. 1 ms später, also zum Zeitpunkt 2 ms, ist die obere Falte schon kollabiert, es bildet sich eine Beule im oberen Bereich an der Stelle, wo die plastischen Dehnungen zu erkennen sind. Gleichzeitig verläuft die Spannung weiter in Bewegungsrichtung des Impaktors. Anschließend kommt es zu einem Kontakt von Blechbereichen und damit zu einer Blockbildung, aufgrund welcher der zweite Kraftanstieg entsteht. Bei einer Deformationsdauer von 5 ms ist die zweite Kraftspitze erreicht. Ein Teil der eingeleiteten Energie wird nach dem Entstehen der zweiten Falte, also infolge der Deformation wieder abgebaut. Bei 12 ms entsteht aufgrund einer Blockbildung wieder ein Kraftaufbau. Anschließend fällt die Kraft bei 13 ms Deformationsdauer wieder ab. Dieser Kraftabfall wird durch das Kollabieren der dritten Wölbung im unteren Bereich der Crashbox verursacht. Die Darstellung zum Zeitpunkt 35 ms zeigt die Enddeformation, nachdem der Impaktvorgang und die Rückfederung vollständig abgeschlossen sind.

Ein Vergleich der Verformungsbilder aus der Simulation und dem Versuch, die während des Deformationsvorgangs entstehen, ist in Abbildung 4.8 auf Seite 67 für den 0-Grad-Lastfall dargestellt. Die Deformation des Versuchskörpers ist oben und die des validierten Simulationsmodells unten in der Abbildung zu verschiedenen Zeitpunkten des Deformationsvorgangs illustriert. Das charakteristische Faltenbeulen der Crashbox sowie die Deformation des Stegs des Querträgerstücks ist gut abgebildet. Der Deformationsmodus enspricht der stabilen achsensymmetrischen Faltenbildung, bei der die Täler und Berge der Falte abwechselnd versetzt auf den benachbarten Flanken erscheinen.

4.4 Ergebniszusammenfassung der Crashbox-Untersuchungen

Nach den numerischen und experimentellen Untersuchungen an der Crashbox kann festgehalten werden, dass sich die Versuchsergebnisse in der Simulation in hoher Güte abbilden lassen. Die Übereinstimmungsgüte der Kraftverläufe wie auch der Deformationsmodi wird für die untersuchte Struktur mittels der vorgenommenen, verhältnismäßig aufwendigen Bauteilcharakterisierungen signifikant erhöht. Die wichtigste Einflussgröße ist hierbei die Geometrieinformation aus der Bauteilvermessung. Des Weiteren hat sich gezeigt, dass der Transfer vom langsamen zum schnellen Lastfall unter verschiedenen Lasteinleitungen in hoher Güte funktioniert. Somit ist belegt, dass eine feinere Auflösung der Modelle nicht der einzige Weg ist, um die Abbildungsgüte von Crash-Simulationen zu erhöhen.

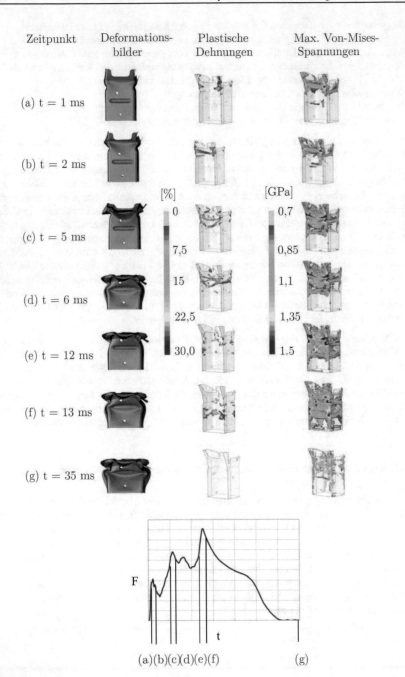

Abbildung 4.7: Analyse des dynamischen Deformationsvorgangs

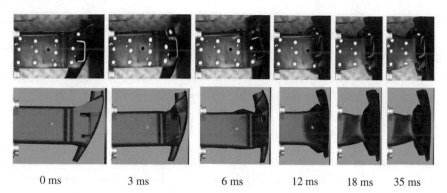

0 ms 3 ms 6 ms 12 ms 18 ms 35 ms

Abbildung 4.8: Deformationsvorgang gemäß Simulation und Versuch

5 Untersuchungen an Längsträgersystemen

Nachdem eine hohe Übereinstimmungsgüte auf Bauteilebene gesichert ist, werden in diesem Kapitel numerische und experimentelle Untersuchungen zu Abgleichzwecken an Längsträgersystemen vorgenommen. Damit bewegen sich die Untersuchungen auf der zweiten Ebene der Validierungshierarchie aus Abbildung 1.3 auf Seite 3 – der Komponentenebene. Der Komplexitätsgrad hinsichtlich der Geometrien, der Anzahl der Bauteile und der Fügetechnik steigt mit gleichzeitig wachsender Praxisrelevanz.

Nach der Vorstellung des Untersuchungsgegenstandes und der Versuche werden zunächst grundlegende Untersuchungen zu den Berechnungen präsentiert. Anschließend werden die Simulationen wieder im Detail mit den Versuchen abgeglichen, um die bestmögliche Übereinstimmungsgüte mit dem verwendeten FE-Code und dem hochaufgelösten Simulationsmodell zu ermitteln. Darüber hinaus wird der Einfluss einzelner Modellparameter auf das Systemverhalten analysiert. Die Rückschlüsse aus diesen Studien beziehen sich auf die in dieser Arbeit untersuchte Struktur unter den speziellen Randbedingungen.

5.1 Untersuchungsgegenstand Längsträgersystem

Die untersuchte Komponente ist im Vergleich zur Crashbox eine um einen vorderen Querträger und um Längsträger erweiterte Struktur, die im Folgenden als Längsträgersystem bezeichnet wird. Auch in diesem Abschnitt soll wieder eine Beschreibung der Geometrie, der verwendeten Werkstoffe, der Effekte aus dem Umformverfahren, der Verbindungstechnik und der Modellierung des FE-Modells Informationen über die Struktur und den Aufbau des Untersuchungsgegenstandes geben.

Geometrie

Das Längsträgersystem besteht aus insgesamt 19 Einzelteilen. Die wesentlichen Bauteile für die Energieabsorption und das Deformationsverhalten sind die im Grundlagenkapitel 1.2 beschriebenen Crashboxen und die Längsträger, die wiederum aus den U-Profilen und Deckblechen bestehen. Weitere Einzelteile des Längsträgersystems – wie in Abbildung 5.1 dargestellt – sind der Querträger vorne mit dem angebundenen Schließblech, die Schottplatten der Crashboxen, die Längsträger, die Vierkantprofile als Verbindungselemente zwischen Längsträgern und Schottplatten, Versteifungselemente, die im Inneren an die Längsträger angeschweißt sind, und die Motorlager. Aus der Seiten- und ISO-Ansicht sind die Versteifungssicken in den Längsträgern zu erkennen.

Werkstoffe

Die verwendeten Werkstoffe zu den einzelnen Bauteilen des Längsträgersystems, die während des Aufprallvorgangs im Lastpfad liegen, sind der Tabelle 5.1 zu entnehmen. Die Einzelteile der Crashbox sind nicht nochmals aufgeführt (vgl. Tabelle 3.1). Die Versteifungsbleche werden hier ebenfalls nicht mit aufgeführt.

© Springer Fachmedien Wiesbaden GmbH, ein Teil von Springer Nature 2019
P. Wellkamp, *Prognosegüte von Crashberechnungen*, AutoUni – Schriftenreihe 133,
https://doi.org/10.1007/978-3-658-24151-3_5

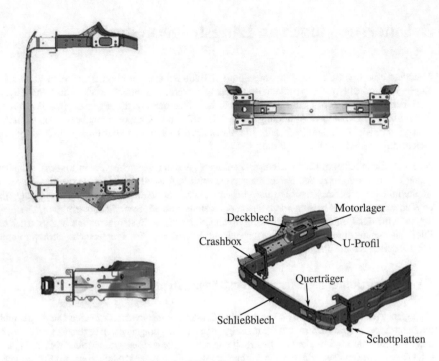

Abbildung 5.1: Verschiedene Ansichten des Längsträgersystems

Tabelle 5.1: Werkstoffe des Längsträgersystems

Einzelteil	Nom. Blechdicke / mm	Werkstoff
Querträger	2,0	22MnB5
Schließblech	0,7	DP980
Schottplatte LT	2,5	H680C
Deckblech	1,5	DP780
LT-Profil	2,0	DP780

Die Längsträger (inklusive Deckbleche) bestehen wie die Crashboxen aus dem Dualphasen-Stahl DP780 mit den Eigenschaften, die in Abschnitt 2.5.1 beschrieben sind. Der warmumgeformte Querträger, der hier vollständig zur Krafteinleitung in das System vorhanden ist, ist aus dem Werkstoff 22MnB5. Mit dem Querträger ist vorne ein 0,7 mm dickes Schließblech aus DP980 verbunden. Die Schottplatte der Längsträger ist aus einem weicheren Material als die Längsträger, genauer aus dem Komplexphasenstahl H680C hergestellt.

Effekte aus dem Umformverfahren

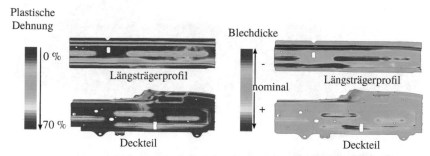

Abbildung 5.2: Effekte aus dem Umformverfahren des Längsträgerprofils und des Deckblechs

Im Gegensatz zu den Umformeffekten der Crashboxen, die mittels des Einschrittverfahrens abgeschätzt wurden, liegen für die Längsträgerprofile und Deckbleche Informationen aus der inkrementellen Umformsimulation vor. Abbildung 5.2 zeigt qualitativ die Auswirkungen des Umformprozesses hinsichtlich der plastischen Vorverfestigungen und der Blechdickenverteilung für die Längsträgerprofile und die Deckbleche. Hierbei zeigen sich Ausdünnungen in den Sickenbereichen sowie teilweise Ausdünnungen auf den ebenen Bereichen, die durch das Fließen des Materials während des Tiefziehvorgangs entstehen. Mit Blick auf die Vorverfestigung ist festzustellen, dass sich aus der Umformsimulation plastische Dehnungen im Bereich der Radien als auch der Sickenstrukturen ergeben. Diese lokalen festigkeitssteigernden Effekte werden in der Crashberechnung berücksichtigt.

Verbindungstechnik

Zusätzlich zu den in Abschnitt 3.1 erläuterten Verbindungen der Crashbox finden sich bei dieser Struktur Schweißpunkte zwischen dem Längsträgerprofil und dem Deckblech sowie zur Anbindung der Versteifungsbleche. Die am hinteren Teil abgetrennten Längsträger werden mittels MAG-Schweißnähten mit den Verbindungsplatten zur Rollwagenwand verbunden. Außerdem gibt es 24 Schrauben zur Verbindung der Schottplatten untereinander sowie mit der Versteifung an den Motorlagern und den Verbindungsplatten an der Rollwagenwand.

Modellierung und Verbindungstechnik

Das Simulationsmodell ist entsprechend dem Versuchsaufbau aus Abbildung 5.4 auf Seite 73 erstellt worden. Es gibt ein FE-Modell für den Rollwagen (Abbildung 5.3) und für die Kraftmesswand, die aus Kraftmesselementen und einer Holzplatte besteht und analog zum realen Versuch modelliert ist. Die Deformation des Holzes ist durch die Spannungs-Dehnungs-Kurve eines elastisch-plastischen Materialmodells bestimmt. Der Reibwert des Kontakts zwischen Kraftmesswand und Längsträgersystem beträgt 0,2.

Die Geometrie des Längsträgersystems ist wie schon die Crashbox mit 2-mm-Schalenelementen diskretisiert. Im weiteren Verlauf der Arbeit (Abschnitt 5.3.1.2) werden verschiedene Diskretisierungen hinsichtlich ihrer Abbildungsgüte mit Blick auf die Versuchsergebnisse untersucht. Die Kontaktdicken entsprechen bei dem Ausgangsmodell den physikalischen Blechdicken. Die

Abbildung 5.3: FE-Modell des Rollwagens

Modellierung der MAG-Schweißnähte erfolgt auch hier mit Rigid-Body-Elementen. Die Schweiß-punkte sind wie in Abschnitt 3.1 beschrieben mit Versagen auf Zug- Biege- und Scherbelastung modelliert. Die Schraubenmodelle berücksichtigen Versagen und besitzen die Maße der realen M10x35-Schrauben. Sie werden bei der Initialisierung der Rechnung auf den Kontaktabstand zu den umliegenden Blechen "angezogen", so dass eine Vorspannkraft entsteht.

Schließlich sind noch die Klebeverbindungen zwischen den U-Profilen und den Deckblechen der Längsträger zu erwähnen, die diese Bleche zusätzlich zu den Schweißpunkten verbinden. Die Klebeschichten haben eine Dicke von 0,3 mm und sind im FE-Modell mit den speziellen volumenartigen Klebeelementen modelliert. Die in diesem Modell vorhandene Klebung wird im Verhältnis zu den anderen Verbindungstechniken an weniger Stellen verwendet und ist als weniger wichtig anzusehen. Ausführliche Erläuterungen zur Modellierung der Klebeelemente und zur Generierung der entsprechenden Materialkarten, die das Verformungs- und Versagensverhalten der Klebung bestimmen, sind den Ausführungen von Larrayoz [2015] zu entnehmen.

5.2 Versuche

Bevor der Abgleich der Simulationsergebnisse mit den Versuchsergebnissen erfolgt, werden die Versuche zunächst beschrieben. Es werden der Versuchsaufbau, die Versuchsvarianten und die Versuchsauswertung erläutert. Anschließend wird der Deformationsvorgang analysiert, um ein Verständnis der Abläufe während der Verformung zu erlangen.

5.2.1 Versuchsaufbau und -varianten

Der Versuchsaufbau – wie in Abbildung 5.4 dargestellt – besteht im Wesentlichen aus dem Rollwagen, der Anschraubplatte, dem Versuchskörper, der Versteifung zwischen den Motorlagern und der Kraftmesswand. Die Masse des Rollwagens inklusive der Anbindungsplatte beträgt 1500 kg, die Versteifung 21 kg und das Längsträgersystem 44 kg. Das Längsträgersystem ist über die Anschraubplatte mit dem Rollwagen verbunden. Die Versteifung (in Abbildung 5.4 rot dargestellt) zwischen den Motorlagern soll eine Auslenkung der Längsträger verhindern und dient somit einer besseren Reproduzierbarkeit der Versuche. Auch hier werden die Versuche im Vorfeld simulativ ausgelegt, um Rollwagenmasse und -geschwindigkeit, die Prüfkörperanbindungen an den Rollwagen und weitere Versuchsrandbedingungen zu bestimmen. Das Längsträgersystem, das an dem geführten Rollwagen befestigt ist, trifft frontal mit 100 % Überdeckung und einer Geschwindigkeit von ca. 7,78 m/s (genaue Aufprallgeschwindigkeiten sind der Tabelle 5.2 zu entnehmen) gegen die Kraftmesswand auf.

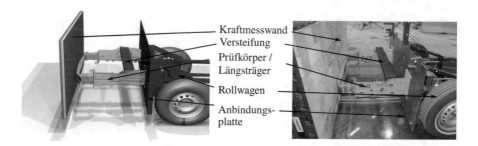

Kraftmesswand
Versteifung
Prüfkörper /
Längsträger
Rollwagen
Anbindungs-
platte

Abbildung 5.4: Links: Simulationsmodell; rechts: Versuchsaufbau

Die Kraftmesswand besteht aus 8 x 16 Kraftmesselementen. Es werden diejenigen Elemente ausgewertet, die mit den Crashboxen in Kontakt kommen und somit im Lastpfad liegen, so dass die Kraftniveaus in Crashrichtung für beide Längsträger einzeln analysiert werden können. Die Kraftsignale werden mit einer Abtastrate von 10 kHz aufgezeichnet und nach Filterung mit CFC 600 dargestellt. Der Rollwagen wird mit Hilfe eines hydraulischen Antriebs auf die vordefinierte Geschwindigkeit beschleunigt und fährt, bis zum Aufprall geführt, mit dem Längsträgersystem gegen die Kraftmesswand.

Es werden drei Versuchsvarianten dieser Versuchsreihe durchgeführt, die sich hinsichtlich der Schottplattenpositionen unterscheiden. Das bedeutet, dass bei Variante 1 die Schottplattenpositionen ausgerichtet sind. In den Varianten 2 und 3 sind die Löcher in den Schottplatten, die mit der Crashbox verschweißt sind, aufgebohrt, um eine möglichst große Verschiebung der Schottplatten in ± 8 mm in YZ-Richtung zu ermöglichen wie in Abbildung 5.5 skizziert ist. Somit ist das gesamte Querträgersystem, bestehend aus dem vorderen Querträger, den Crashboxen und den Schottplatten, um ± 8 mm versetzt. Ziel dieser Versuchsvarianten ist es, eine veränderte Lasteinleitung bzw. eine Momenteneinleitung zu provozieren und eine mögliche Veränderung im Deformationsverhalten zu analysieren. Jede Versuchsvariante wird jeweils drei Mal durchgeführt, um Aussage über die Reproduzierbarkeit machen zu können.

5.2.2 Versuchsergebnisse

Die Kraftverläufe und ihre charakteristischen Werte der drei Versuchsvarianten aus der Tabelle 5.2 werden im Folgenden erläutert und miteinander verglichen. Zur Beurteilung der Reproduzierbarkeit sind die gemessenen Anfangs-und Randbedingungen zu erwähnen. Die drei Versuche je Versuchsreihe sind hintereinander bei Raumtemperatur durchgeführt worden. Die Varianz der Aufprallgeschwindigkeit bewegt sich zwischen 0,7 % und 1,0%, was als gering zu bewerten ist. Die Abweichungen zu dem idealen Aufprallwinkel von 0 Grad bewegt sich zwischen 0,3 und 0,4 Grad.

Tabelle 5.2: Versuchsergebnisse Längsträgersystem

	Charakteristische Größen	LT01	LT02	LT03	$\overline{x}$	Varianz in %
Kraft links	F_{mittel} / kN	90	91	91	91	1,1
	F_{max} / kN	210	196	187	198	11,6
Kraft rechts	F_{mittel} / kN	76	73	76	75	4,0
	F_{max} / kN	165	177	164	200	6,5
	Geschwindigkeit v / m/s	7,81	7,75	7,75	7,77	0,7
	$\Delta\phi$ / Grad	0,3	0,4	0,3	-	-
	E_{kin} / kN	47,7	46,9	46,9	47	1,7
	Verformungsweg / mm	231	231	232	231	0,4

	Charakteristische Größen	LT04	LT05	LT06	$\overline{x}$	Varianz in %
Kraft links	F_{mittel} / kN	92	91	89	91	3,2
	F_{max} / kN	178	177	187	181	2,2
Kraft rechts	F_{mittel} / kN	75	76	76	76	1,3
	F_{max} / kN	200	188	186	191	7,3
	Geschwindigkeit v / m/s	7,78	7,78	7,72	7,76	0,7
	$\Delta\phi$ / Grad	0,3	0,3	0,4	-	-
	E_{kin} / kN	47,3	47,3	46,6	47	1,4
	Verformungsweg / mm	229	232	232	231	1,2

	Charakteristische Größen	LT07	LT08	LT09	$\overline{x}$	Varianz in %
Kraft links	F_{mittel} / kN	92	78	78	78	0
	F_{max} kN	227	205	187	196	9,1
Kraft rechts	F_{mittel} / kN	33	71	75	73	5,4
	F_{max} / kN	133	161	156	159	3,1
	Geschwindigkeit v / m/s	7,78	7,75	7,83	7,79	0,5
	$\Delta\phi$ / Grad	0,4	0,4	0,3	-	-
	E_{kin} / kN	47,3	46,9	47,9	47,4	2,1
	Verformungsweg / mm	271	229	235	232	2,6

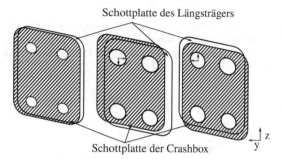

Schottplatte des Längsträgers

Schottplatte der Crashbox

Abbildung 5.5: Schematische Darstellung der Schottplattenpositionen. Links: Variante 1 Schottplatten-positionen ausgerichtet; Mitte: Variante 2 Schottplattenverschiebung der Crashboxen in YZ-Richtung +8 mm; rechts: Variante 3 Schottplattenverschiebung der Crashboxen in YZ-Richtung −8 mm

Versuchsergebnisse Variante 1

Die Kurvenverläufe der Versuchsvariante 1 sind in Abbildung 5.6 differenziert in das Lastniveau des linken Längsträgers (links) und dasjenige des rechten Längsträgers (rechts) dargestellt. Die Kurven weisen eine hohe globale Reproduzierbarkeit auf. Die auftretenden Kräfte zu den Zeitpunkten der Kraftspitzen zeigen geringe Abweichungen. Es sind sowohl im Kraftverlauf des linken als auch des rechten Längsträgers in der Regel vier Kraftspitzen zu erkennen, wobei die ersten drei Kraftspitzen mit dem Falten in der Crashbox korrespondieren und der vierte Kraftabfall zum Zeitpunkt des Längsträgerknicks entsteht. Auf die Analyse des Deformationsvorgangs wird im weiteren Verlauf in Abschnitt 5.2.3 näher eingegangen. Der Kraftverlauf des linken Längsträgers bei Versuch LT03 zeigt keine ausgeprägte dritte Kraftspitze. Die Kraftverläufe im Längsträger rechts zeigen leichte Abweichungen in der Form der dritten Kraftspitze.

Versuchsergebnisse Variante 2

Bei der Versuchsvariante 2 sind die Schottplatten der Crashboxen in positiver YZ-Richtung um 8 mm versetzt, so dass die Momenteinleitung in das System geändert wird. Bei Betrachtung des gesamten Kraftverlaufs des linken und des rechten Längsträgers aus Abbildung 5.7 ist ebenfalls eine hohe Wiederholgenauigkeit festzustellen. Hier zeigt der Versuch LT05 eine deutlich höhere Last beim zweiten Kraftabfalls rechts, und die dritte Kraftspitze ist nicht in der Form ausgeprägt, wie dies bei den anderen beiden Versuchen dieser Variante der Fall ist. Sowohl die Kurvencharakteristik als auch die maximalen Kräfte und Zeitpunkte der Kraftspitzen sind ähnlich wie bei der Variante mit den ausgerichteten Schottplatten. Ein deutlicher Unterschied aufgrund der Momenteneinleitung in das Längsträgersystem ist nicht erkennbar.

Versuchsergebnisse Variante 3

Bei dieser Versuchsvariante sind die Schottplatten der Crashboxen in negativer YZ-Richtung um 8 mm versetzt, so dass die Momenteneinleitung in die entgegengesetzte Richtung im Vergleich zu Variante 2 geändert wird. Auch bei den Kraftverläufen der Versuche LT07 und LT08 aus Abbildung 5.8 ist eine ähnliche Kurvencharakteristik mit vergleichbaren maximalen Kräften an den Zeitpunkten, an denen ein Kraftabfall auftritt, sichtbar wie schon bei den beiden anderen

Versuchsvarianten. Der Versuch LT07 ist als „Ausreißer" und damit als nicht gültiger Versuch zu betrachten: Die Kraftverläufe in beiden Längsträgern weichen deutlich von den anderen Versuchen ab. Ursache ist, dass es zu einem Schraubenversagen der Verbindung zwischen Motorlager und Versteifung auf der rechten Seite gekommen ist.

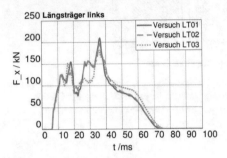
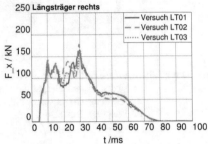

Abbildung 5.6: Versuchsvariante 1: Kraftverläufe des linken und rechten Längsträgers

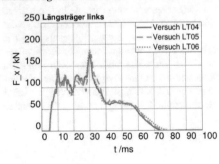
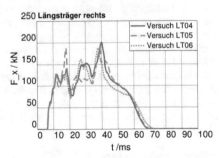

Abbildung 5.7: Versuchsvariante 2: Kraftverläufe des linken und rechten Längsträgers

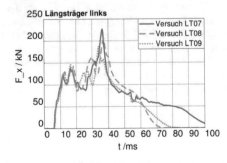
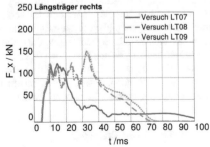

Abbildung 5.8: Versuchsvariante 3: Kraftverläufe des linken und rechten Längsträgers

Vergleich der Varianten

Abbildung 5.9 zeigt die gemittelten Kraftverläufe des linken und des rechten Längsträgers aus den drei Versuchsvarianten. Es sind keine deutlichen Abweichungen festzustellen. Der größte Unterschied in den mittleren Kraftverläufen ist in den leicht versetzten Zeitpunkten des dritten und vierten Kraftabfalls beim rechten Längsträger zu beobachten. Die Unterschiede zwischen den Versuchsvarianten oszillieren zwischen 0 und 10 kN bei den Kraftverläufen links. Zum Zeitpunkt t = 30 ms, bei dem die vierte Kraftspitze entsteht, ist eine maximale Abweichung des Lastniveaus von ca. 24 kN zu erkennen. Teilweise sind die Abweichungen innerhalb der Varianten höher als zwischen den Varianten. Bei den Kraftverläufen rechts sind die höchsten Abweichungen von ca. 60 kN bzw. 45 kN zum Zeitpunkt des dritten bzw. vierten Kraftabfalls festzustellen (Abbildung 5.10).

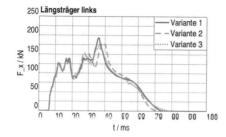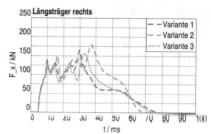

Abbildung 5.9: Mittlere Kraftverläufe der drei Versuchsvarianten

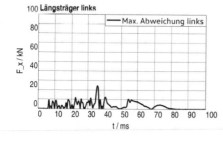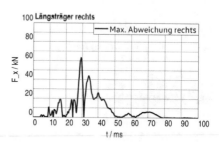

Abbildung 5.10: Abweichungen zwischen den gemittelten Versuchskurven

Aufgrund der robusten Auslegung der Längsträger mit der vorhandenen Sickenauslegung ist trotz der unterschiedlichen Momenteneinleitung keine signifikante Abweichung in den Kraftverläufen zu erkennen. Im Folgenden wird untersucht, ob dieses Verhalten in der Simulation ebenfalls abgebildet wird.

5.2.3 Analyse des Deformationsvorgangs

Die Korrespondenz zwischen Kraftverlauf und Deformationsverhalten im Längsträger ist in Abbildung 5.11 veranschaulicht. Das Deformationsverhalten der Crashboxen und Längsträger weist auf der linken und rechten Seite ein vergleichbares Verhalten auf, wobei die Zeitpunkte und Kraftniveaus sich leicht unterscheiden. Die Korrespondenz wird hier am Beispiel der rechten Crashbox und des rechten Längsträgers zu vier charakteristischen Zeitpunkten erläutert. Die ersten drei Kraftspitzen beziehen sich auf Vorgänge in der Crashbox. Diese entsprechen dem Kollabieren der drei Falten der Crashbox, wie es schon in Abschnitt 4 festgestellt worden ist. Der vierte Kraftabfall korrespondiert mit dem Anfalten des Längsträgers. Hierbei kommt es zu einem Materialversagen an der Knickstelle. Auf diese Rissbildung wird in Abschnitt 5.3.1.1 näher eingegangen.

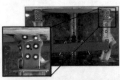

(a) ca. 10 ms. Erste Kraftspitze /
Entstehung der ersten Falte der Crashbox/

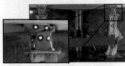

(b) ca. 15 ms: Zweiter Kraftabfall /
Bildung der zweiten Falte

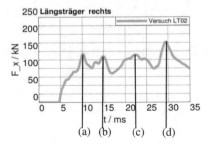

(c) ca. 23 ms: Dritte Kraftspitze /
Dritter Faltenbildung

(d) ca. 29 ms: Vierter Kraftabfall /
"Einknicken" des Längsträgers

Abbildung 5.11: Korrespondenz zwischen Deformation und Kraftverlauf

Nachdem die Kraft über den Querträger in das System eingeleitet wird, erfolgt eine gleichmäßige Weiterleitung der Kraft in die Crashboxen links und rechts. Der erste Kraftanstieg ist zum Zeitpunkt 5 ms zu erkennen.

(a)   ca. 10 ms: Die Kraft steigt bis zur Traglast der Crashbox von ca. 140 kN. Zu diesem Zeitpunkt entsteht die erste Falte im vorderen[1] Bereich, wie der Abbildung 5.11 zu entnehmen ist.

---

[1] die Beschreibung erfolgt hier aus Fahrzeugsicht

(b)   ca. 15 ms: Nach erneutem Kraftaufbau ist ein zweiter Kraftabfall zu beobachten. Die zweite Falte der Crashbox bildet sich aus. Anschließend wird in dem aus Fahrzeugsicht hinteren Teil der Crashbox ein Faltenbeulen beobachtet und es entsteht ein dritter Kraftaufbau.

(c)   ca. 23 ms: Die dritte Kraftspitze ist zum Zeitpunkt des Kollabierens der Crashbox im hinteren Bereich erreicht.

(d)   ca. 29 ms: Der vierte Kraftabfall entsteht in dem Moment, wenn der Längsträger an der Sollknickstelle anfaltet.

Nach ca. 75 ms ist der Kraftabfall vollständig abgeschlossen und der Deformationsvorgang samt elastischer Rückfederung beendet.

5.2.4 Messung der Trajektorien und Rollwagenkinematik

In allen Versuchsreihen werden die Bewegungen der Punktemarken auf den Prüfkörpern verfolgt und die Trajektorien der Rollwagen nach dem Verfahren zur Berücksichtigung der Asynchronität (Abschnitt 3.3.2.1) ausgewertet. Die Aufzeichnung der Bewegungen der Punktemarken auf dem Prüfkörper dient dabei dazu, Verschiebungen aus der Simulation mit denen aus dem Versuch zu vergleichen, also zu Abgleichzwecken. Darüber hinaus kann die Trajektorie als Eingangsgröße zur Steuerung der Rollwagenbewegung eingesetzt werden. Die Anwendungen Abgleich der Rollwagenkinematik sowie Steuerung der Rollwagenbewegung werden im weiteren Verlauf dieses Kapitels vorgestellt. Zuvor gilt es jedoch, die Trajektorien der drei Versuche der ersten Versuchsvariante zu betrachten und miteinander zu vergleichen.

Messung der Trajektorien

Die Rollwagenbewegung besitzt sechs Freiheitsgrade. Somit besteht die Bewegung aus drei translatorischen Bewegungen, die in Abbildung 5.12 dargestellt sind, und drei rotatorischen Bewegungen, die in Abbildung 5.13 wiedergegeben werden. Die Trajektorien beziehen sich auf das Fahrzeugkoordinatensystem aus Abbildung 5.15.

Die translatorischen Komponenten der Trajektorien in X-Richtung zeigen eine hohe Übereinstimmung. Der maximal zurückgelegte Weg beträgt bei allen drei Versuchen 232 mm. Bei der Auswertung der Trajektorien wird der gleiche Zeitraum wie bei der Kraftauswertung bis 100 ms betrachtet.

Die Trajektorien in Y-Richtung haben eine maximale Auslenkung von ca. 6 mm bei den Versuchen LT02 und LT03; bei dem Versuch LT01 beträgt sie ca. −8 mm. Die maximale Auslenkung der Trajektorien in Z-Richtung ist bei den Versuchen LT01 und LT02 ähnlich und liegt bei etwa 50 mm im Falle von LT01 und bei 60 mm im Falle von LT02. Alle drei Versuche zeigen die gleiche Richtung in der Y-Bewegung, die allerdings bei dem Versuch LT01 etwas kleiner ist wie bei den anderen beiden Versuchen.

Der Versuch LT03 weicht in der Z-Bewegung deutlich von den anderen beiden Versuchen ab und liegt bei ca. 35 mm. In diesem Versuch lässt sich ein Zusammenhang zwischen Kraftverlauf und Trajektorien erschließen. Er weist im Kraftverlauf eine Abweichung in der dritten Kraftspitze im Vergleich zu den anderen beiden Versuchen auf. Auch bei der Trajektorie in Z-Richtung ist ein Unterschied in der Bewegung zu erkennen.

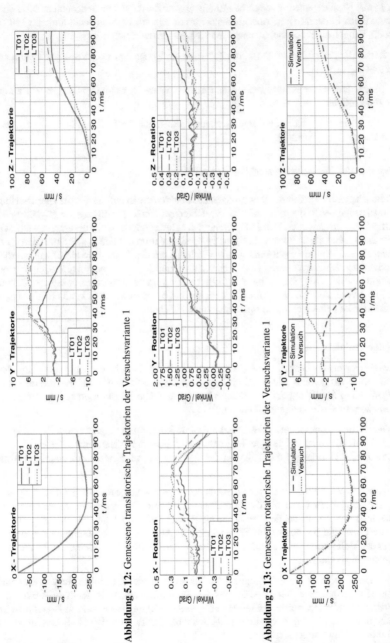

Abbildung 5.12: Gemessene translatorische Trajektorien der Versuchsvariante 1

Abbildung 5.13: Gemessene rotatorische Trajektorien der Versuchsvariante 1

Abbildung 5.14: Abgleich der Rollwagenkinematik zwischen Versuch und Simulation

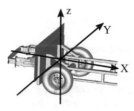

Abbildung 5.15: Fahrzeugkoordinatensystem

Rollwagenkinematik

Bis zum Aufprall fährt der Rollwagen geführt auf die Kraftmesswand zu. Während des Deformationsvorgangs kann sich der Rollwagen frei bewegen. Diese freie Rollwagenbewegung wird während des Crashvorgangs aufgezeichnet. Der Rollwagen wird dabei als Starrkörper angenommen. Bevor der detaillierte Versuchsabgleich beginnen kann, ist somit die Sicherstellung übereinstimmender Rollwagenkinematiken sinnvoll.

Die X- und die Z-Komponente der Rollwagenbewegungen aus dem Versuch LT02 und der Ausgangssimulation stimmen in hohem Maße überein (Abbildung 5.14). Die Y-Bewegungen sind gegenläufig, wobei die Skalierung dieser Trajektorie im Verhältnis zu den anderen Bewegungskomponenten weitaus geringer ist und nur einen sehr kleinen Teil der Gesamtbewegung ausmacht. Die Bewegung in Y-Richtung hat demnach einen sehr geringen Einfluss. Entscheidend für den Abgleich sind die X- und die Z-Trajektorien. Somit lässt sich für weitere Abgleichuntersuchungen festhalten, dass die Kinematik aus Versuch und Simulation ausreichend übereinstimmt, um verschiedene Simulationsvarianten miteinander sowie mit dem Versuch zu vergleichen. Die Simulationsergebnisse stammen von einem Modell, das die Geometrieinformation der Crashboxen aus der Vermessung und nominale Eingangsgrößen für die Modellparameter beinhaltet. Eine hohe Übereinstimmung der Rollwagenkinematik von Simulationsmodell und Versuch ist eine wichtige Voraussetzung für die weiteren Abgleichuntersuchungen.

5.3 Abgleichuntersuchungen

Nach den Voruntersuchungen folgen in diesem Kapitel die Abgleichuntersuchungen der Ergebnisse verschiedener Simulationsmodelle mit den Versuchsergebnissen. Auch auf dieser Komplexitätsebene werden die Untersuchungsaspekte aus dem Themengebiet Ungewissheitsbetrachtung Trajektorienmessung und Geometrievermessung näher beleuchtet. Grundsätzlich liegen auf dieser Ebene nicht mehr so viele Informationen aus technischen Vermessungen vor wie auf Bauteilebene. Die genauen Blechdicken und Materialeigenschaften der Bauteile aus dieser Versuchsgruppe müssen angenommen werden. Daher werden Parameterstudien durchgeführt um die Bandbreite möglicher Systemantworten zu ermitteln und möglichst realitätsnahe Annahmen zu treffen.

5.3.1 Voruntersuchungen

Die Voruntersuchungen zu den Themen Materialversagen und Diskretisierung der Geometrie werden an dem Simulationsmodell, das nominale Blechdicken und die vermessene Geometrie für die Crashboxen enthält und ansonsten der Beschreibung aus 5.1 entspricht, durchgeführt.

5.3.1.1 Materialversagen

Die Frage des Materialversagens steht zwar nicht im Fokus dieser Arbeit, jedoch ist grundsätzlich eine verlässliche Versagensvorhersage Voraussetzung für eine hohe Prognosegüte einer Crashberechnung. In manchen Fällen kann es aufgrund von versagenden Elementen zu einer Verschiebung des Lastpfads kommen, was wiederum eine deutliche Änderung in den Simulationsergebnissen zur Folge hat. Daher wird in diesem Abschnitt geprüft, ob ein im Versuch detektierter Riss im rechten

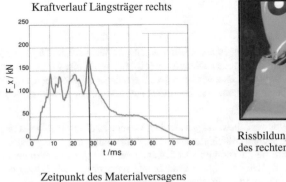

Kraftverlauf Längsträger rechts

Zeitpunkt des Materialversagens

Rissbildung an Knickstelle
des rechten Längsträgers

Abbildung 5.16: Materialversagen im Längsträger

Längsträger mit den verwendeten Versagensmodellen lokalisiert werden kann. Anschließend wird der Einfluss eines möglichen Materialversagens auf die Ergebnisse des untersuchten Simulationsmodells gezeigt. In einem weiteren Schritt wird die Abbildungsgüte der Rissentstehung mit einer adaptiven feinen Auflösung im kritischen Bereich untersucht.

In dieser Studie werden verschiedene Versagensmodelle am Simulationsmodell des Längsträgersystems untersucht und die Rissbilder sowie die Kraftverläufe mit den Versuchsergebnissen verglichen. Während des Deformationsvorgangs des Längsträgersystems entstehen kleine Risse in der Crashbox und ein größerer Riss im rechten Längsträger an der Knickstelle, wie auf dem Versuchsbild aus Abbildung 5.16 zu sehen ist. Dieser Riss tritt ungefähr zum Zeitpunkt des Anfaltens bei 30 ms auf. In dem folgenden Vergleich der Versagensmodelle und -kriterien wird diese Rissbildung analysiert. Ein Versagen auf der Basis der maximalen plastischen Dehnung, die unter Zugbelastung ermittelt wurde, wird hier nicht bewertet. Mit diesem Kriterium würde das Versagen für die Schub- und Druckbelastung zu kritisch bewertet, so dass es für den vorgestellten Lastfall keine aussagekräftigen Ergebnisse liefern würde. Folgende Versagensmodelle werden betrachtet:

• Versagen auf der Basis der Ausdünnung

• HILL-STÖREN-RICE-Versagen

Versagen auf der Basis der Ausdünnung

Das Versagenskriterium auf der Basis des Ausdünnungsgrades – im weiteren Verlauf *Thinning*-Versagen genannt – wird für Stähle über ein Einparametermodell, das die materialabhängige maximale plastische Dehnung ε_{pmax} und k_f und einen Gewichtungsfaktor berücksichtigt, bestimmt (Gleichung 5.1). Wenn der berechnete Wert der relativen Blechdicke unterschritten wird, dann wird das Element gelöscht.

$$t_{th} = \frac{1}{1 + k_f \varepsilon_{pmax}} \quad ; \quad mit \; k_f = 0,6 \tag{5.1}$$

Hill-Stören-Rice-Versagen

Das HILL-STÖREN-RICE-Versagen (kurz: *HSR*-Versagen) ist ein erweitertes Versagensmodell zu dem eben beschriebenen Versagen auf der Basis der Ausdünnung. Es bewertet Versagen auf der Basis biaxialer Belastung weniger kritisch und bildet somit das reale Versagen besser ab. Das *HSR*-Versagen beruht auf einem einfachen Grenzformänderungsgesetz, das auch die Einschnürung berücksichtigt. Das Versagensereignis wird hierbei auf der Basis der Dehnungen eines Elements ermittelt. Wenn der aus Gleichung 5.2 berechnete Grenzwert von dem mittleren der fünf Integrationspunkte über die Schalendicke überschritten wird, dann versagt das Element bzw. es wird gelöscht. Das Versagensmodell berücksichtigt das Verhältnis aus der plastischen Dehnung in der Hauptebene ε_{pl} und der Einschnürung $\bar{\varepsilon}_n(\alpha)$. Das Intergral zur Bestimmung des Grenzwertes D ist gegeben durch ESI [2016]:

$$D = \int \frac{d\varepsilon_{pl}}{\bar{\varepsilon}_n(\alpha)} \tag{5.2}$$

mit

$$\alpha = \frac{\varepsilon_{p2}}{\varepsilon_{p1}} \leq 1 \tag{5.3}$$

Dabei sind ε_{p1} und ε_{p2} die Eigenwerte des plastischen Dehnungstensors. Die Berechnung der Einschnürung erfolgt mit $n = ln(t_{th})$ folgendermaßen:

$$\begin{cases} \varepsilon_{1n} = \frac{n}{1+\alpha} & \text{für} \quad \alpha \leq 0 \\ \varepsilon_{1n} = \frac{3\alpha^2 + n(2+\alpha)^2}{2(2+\alpha)(1+\alpha+\alpha^2)} & \text{für} \quad 0 < \alpha \leq 1 \end{cases} \tag{5.4}$$

$$\bar{\varepsilon}_n(\alpha) = \frac{2}{\sqrt{3}} \varepsilon_{1n} \sqrt{1 + \alpha + \alpha^2}) \tag{5.5}$$

Die mathematischen Formulierungen und physikalischen Grundlagen hierzu beruhen auf dem vereinfachten Materialmodell von Stören und Rice [1975] und Hill [1952]. Hiermit kann ein lokales Einschnüren unter biaxialer Belastung in guter Übereinstimmung mit den Experimenten vorhergesagt werden, was mit Abbildung 5.17 belegt wird. Auf der linken Seite ist das Kraft-Weg-Diagramm aus den Zugversuchen dargestellt. Für uniaxiale Zugbelastungen zeigt die Zugprobe in der Simulation für die *Thinning*- und *HSR*-Versagen annähernd das gleiche Verhalten. Hingegen zeigt das Kraft-Weg-Diagramm auf der rechte Seite das Verhalten beider Versagensmodelle unter quasi-statischer biaxialer Druckbelastung. Hierbei zeigt sich eine deutlich bessere Abbildung der Versuche, insbesondere der Versagensprognose, mit dem *HSR*-Versagen. Das Modell mit *Thinning*-Versagen weist ein vergleichsweise zu frühes Versagen bei ca. 29 kN auf.

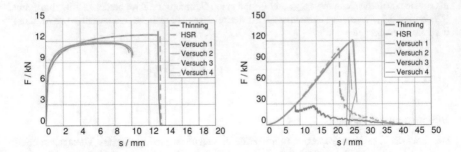

Abbildung 5.17: Kraft-Weg-Diagramm uniaxialer Zugversuch (links) und Kraft-Weg-Diagramm biaxialer
              Druckversuch (rechts)

Einfluss des Materialversagens auf die Simulationsergebnisse

Die Rissentstehung im Bereich des Längsträgerknicks kann mit beiden vorgestellten Versagensmodellen richtig lokalisiert werden (Abbildung 5.18). Unter Anwendung des *Thinning*-Versagens
werden mehr Elemente im kritischen Bereich gelöscht als unter Anwendung des *HSR*-Versagens.
Das Versagen wird aufgrund des biaxialen Belastungsanteils während des Deformationsvorgangs
mit dem Thinning-Versagen im Vergleich zum *HSR*-Versagen kritischer bewertet. Der Einfluss
infolge der Elementeleminierung auf die Kraftverläufe ist gering (Abbildung 5.19), da das Versagen
an der betrachteten Stelle erst nach dem Kollabieren des Längsträgers bei etwa 30 ms auftritt und
der Lastpfad durch den Längsträger nicht geändert wird.

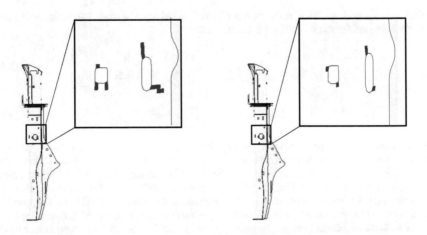

Abbildung 5.18: Lokalisierung von Materialversagen mit *Thinning*-Versagen (links) und *HSR*-Versagen
              (rechts)

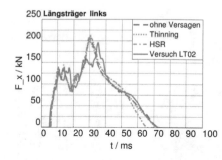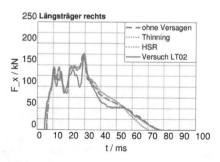

Abbildung 5.19: Kraftverläufe von Simulationen mit *HSR-* und *Thinning*-Versagen

Adaptive Neuvernetzung

Um nach der Detektion des Materialversagens mit den beschriebenen Versagensmodellen den im Versuch beobachteten Riss im Detail abzubilden, wird die Methode der adaptiven Neuvernetzung selektierter Bereiche angewendet. Bei dieser numerischen Methode werden Schalenelemente durch Volumenelemente zur Verfeinerung der Vernetzung ersetzt, da diese Effekte wie Einschnürungen in Dickenrichtungen besser abbilden können als Schalenelemente. Am Übergang von Schalen- zu Volumenelementen werden die Verdrehungen der Schale auf die Volumenelemente aufgebracht. Außerdem werden Informationen wie beispielsweise plastische Dehnungen, Ausdünngen bzw. Aufdickungen sowie die auf das ursprüngliche Netz aufgebrachten Zwangs- und Randbedingungen vom Schalen- auf das Volumennetz übertragen. Die Transformation des Netzes erfolgt bei der Überschreitung eines bestimmten Umwandlungskriterium. In dem vorgestellten Fall werden die 2-mm-Schalenelemente in dem selektierten kritischen Bereich ab dem Überschreiten des Grenzwertes für die plastische Vergleichsdehnung von 20 % in Hexaeder-Elemente mit 0,5 mm Kantenlänge umgewandelt.

(a):   Beginn der Transformation; Verfeinerung der Vernetzung durch
              Umwandlung von Schalenelementen in Volumenelemente
(b):   Rissinitiierung; Eliminierung des ersten Elements
(c):   Rissfortschritt; Entstehung eines zweiten Risses;
              Weitere Elemente werden gelöscht
(d):   Risswachstum
(e):   Rissausbreitung
(f):   Enddeformation; ausgeprägter Riss

Zusammenfassend lässt sich feststellen, dass die beiden in dieser Studie verwendeten Versagens-modelle die richtige Stelle der Rissbildung, wie sie auch im Versuch auftritt, lokalisieren. *Thinning* prognostiziert das Materialversagen konservativer als HSR im Bereich des rechten Längsträgers. Der Einfluss auf die Kraftverläufe ist für den untersuchten Fall nicht wesentlich wie aus Abbildung 5.19 hervorgeht. Eine detaillierte Abbildung der Entstehung, des Wachstums und der Ausprägung des Risses ist mit der adaptiven Neuvernetzung möglich. Daher ist es empfehlenswert, kritische Bereiche, in denen Materialversagen auftreten kann, zunächst mit dem Versagensmodell auf der Basis der Dehnung zu detektieren und anschließend die genaue Rissbildung mit der adaptiven Neu-

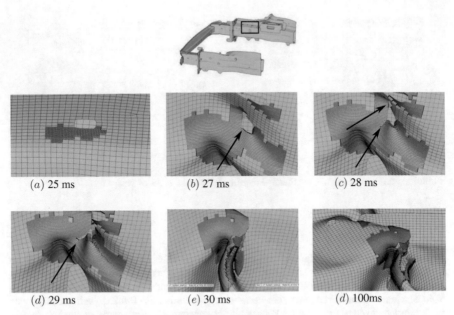

Abbildung 5.20: Materialversagen mit adaptiver Neuvernetzung

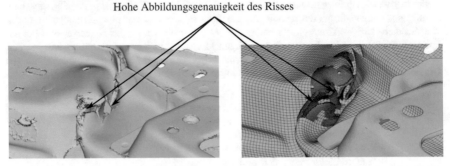

Abbildung 5.21: Vergleich der Rissabbildung. Links: Vermessene Geometrie nach Versuch; rechts: Enddeformation der Simulation

vernetzung abzubilden. Der Einfluss auf den Kraftverlauf durch die Verwendung unterschiedlicher Versagensmodelle ist bei der untersuchten Struktur als nicht signifikant zu bewerten.

5.3.1.2 Einfluss der Diskretisierung

Zunächst wird im Folgenden der Einfluss unterschiedlicher Vernetzungen auf die Simulationsergebnisse untersucht. Die unterschiedlichen Diskretisierungen der Geometrien beziehen sich auf die Bauteile Crashbox und Längsträger. Das sind diejenigen Strukturen, die sich im direkten Lastpfad befinden und den größten Teil der eingeleiteten kinetischen Energie aufnehmen. Die Vernetzung der restlichen Bauteile des Längsträgersystems bleibt in den Modellvarianten mit 2 mm Kantenlänge unverändert. Die Zeitschritte werden für alle Modelle gleich definiert, um einen Einfluss der zeitlichen Diskretisierung auf die Simulationsergebnisse auszuschließen. Dieser Zeitschritt beträgt 0,3 μs; er richtet sich nach dem Modell mit der feinsten Auflösung der Geometrien und ist so festgelegt, dass keine initiale Massenskalierung entsteht.

Es werden vier verschiedene Diskretisierungen untersucht: Die Schalenelemente weisen hierbei Kantenlängen von l = 1 mm, l = 2 mm, l = 4 mm und l = 6 mm auf. Die Blechdicken der unterschiedlich vernetzten Bauteile sind in der Tabelle 5.1 dargestellt. Ihr ist zu entnehmen, dass eine Elementkantenlänge von 2 mm der nominalen Blechdicke des Innenblechs entspricht. Die Kontaktdicken, die bei den Berechnungen des Kontaktalgorithmus berücksichtigt werden, entsprechen den physikalischen Blechdicken. Bei dieser Untersuchung handelt es sich bei allen Varianten um die Vernetzung der vermessenen Geometrie der Crashboxen und der CAD-Geometrie der Längsträger.

Bei Betrachtung der Kraftverläufe aus Abbildung 5.23 sind deutliche Unterschiede zwischen den einzelnen Kurven zu sehen. Die vierte Kraftspitze des Kraftverlaufs links wird mit allen Schalenmodellen überschätzt. Bis zum Zeitpunkt des dritten Kraftanstiegs ist kein signifikanter Unterschied in den Kraftkurven zu erkennen. Die Form der Kraftkurven während des dritten Kraftabfalls sowie die Lastniveaus während der vierten Kraftspitze unterscheiden sich hingegen deutlich. Auch in den Kraftverläufen der rechten Seite sind deutliche Unterschiede hinsichtlich Kurvenform und Lastniveau zu registrieren.

Grundsätzlich verhalten sich größere Schalenelemente biegesteifer als kleinere Elemente. Wird eine derartige Struktur mit zahlreichen Sicken, wie sie hier vorliegt, feiner vernetzt, so werden die Radien besser abgebildet. Dadurch können auch steifigkeitserhöhende Effekte entstehen. Der Korrelationsgrad für die einzelnen Simulationsmodelle mit unterschiedlicher Diskretisierung ist in Tabelle 5.3 aufgeführt. Die Kurven aus den Simulationen werden mit der Versuchskurve LT02 für die Lastniveaus im linken und rechten Längsträger verglichen. Daher ist der Korrelationsgrad jeweils für beide Längsträger und als Mittelwert angegeben. Außerdem sind die Differenzen der Restlängen der linken Crashbox zwischen Messung und Simulation in der letzten Spalte aufgelistet. Beide Größen sind wesentlich für die Bewertung der Übereinstimmungsqualität. Demnach zeigt sich, dass das Simulationsmodell mit 2-mm–Schalenelementen einen Korrelationsgrad von 92 % und einen Unterschied der Crashbox-Restlänge von 1 mm aufweist.

Der in diesem Vergleich schlechteste Korrelationsgrad von 86 % wird von dem Modell mit der gröberen Vernetzung von 6-mm–Schalenelementen erzielt. Die enge Faltenbildung der Crashbox kann mit dieser vergleichsweise groben Vernetzung nicht aufgelöst werden. Abbildung 5.22 veranschaulicht, dass die engen Radien der Falten im oberen Bereich der Crashbox mit dem groben Netz nicht realisierbar sind, aber mit dem feineren Netz abgebildet werden können. Das Modell mit einer 4-mm-Schalen-Vernetzung zeigt mit 88 % im Vergleich dazu einen verhältnismäßig hohen Korrelationsgrad und eine geringe Differenz der Restlänge gegenüber den Versuchsergebnissen.

Mit allen vier Modellen ist der Deformationsmodus aus dem Versuch zu erreichen. Die Unterschiede liegen in der engen Faltenbildung der Crashbox, die nur mit einer feinen Vernetzung zu erreichen ist. Dementsprechend wird unterschiedlich viel Energie in den Crashboxen absorbiert und in die Längsträger weitergeleitet. Somit ist die Ausprägung des „Knicks" im linken Längsträger unterschiedlich (Abbildung 5.24).

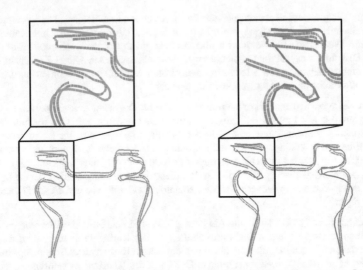

Abbildung 5.22: Unterschied in der Faltenbildung aufgrund verschiedener Vernetzungen. Links: 2-mm-
Schalenmodell; rechts: 6-mm-Schalenmodell

Tabelle 5.3: Einfluss verschiedener Vernetzungen auf die Rechenzeit, die Restlänge und Übereinstimmung
der Kraftverläufe mit den Versuchen

	1 mm-Schalen	2 mm-schalen	4 mm-Schalen	6 mm-Schalen	Volumen-elemente
Anzahl der Elemente in Tausend	ca. 974	ca. 417	ca. 318	ca. 298	ca. 1 024
CPU Zeit / min. (64 CPUs)	ca. 110	ca. 75	ca. 44	ca. 36	ca. 700
$\Delta\, l_{Rest}$ **/ mm**	ca. - 4	ca. -1	ca. +2	ca. +6	ca. +3
Rating / %	90	94	89	86	88

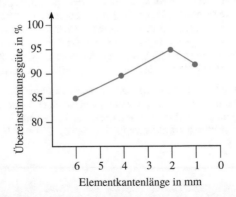

Abbildung 5.25: Korrelationsgrad in Abhängigkeit der Diskretisierung

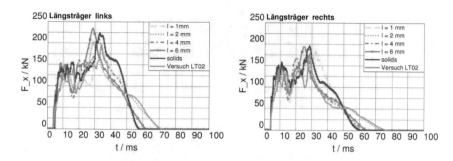

Abbildung 5.23: Kraftverläufe mit unterschiedlichen Diskretisierungen der Geometrie

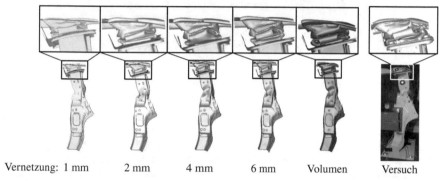

Vernetzung: 1 mm   2 mm   4 mm   6 mm   Volumen   Versuch

Abbildung 5.24: Enddeformationen der Längsträger mit unterschiedlichen Diskretisierungen der Geometrie

Aus dem Graphen 5.25 wird ersichtlich, dass der Korrelationsgrad hier mit höherer räumlicher Auflösung bis zu einer Elementkantenlänge, die der Blechdicke entspricht, steigt. Bei einer Kantenlänge, die kleiner ist als die Blechdicke, kommt es zu einer Verschlechterung der Übereinstimmung bei den Berechnungen mit physikalischer Kontaktdicke (Abbildung 5.26) für den Selbstkontakt. Elemente, deren Kantenlänge kleiner als die Schalendicke sind, können keine Biegung aufnehmen. Bei dem 1-mm-Schalen-Modell sinkt der Korrelationsgrad auf einen Wert von 0,88 und ist damit im Vergleich zu dem 2-mm-Schalenmodell schlechter. Darüber hinaus wird die Restlänge der linken Crashbox mit 51 mm gegenüber 55 mm des Versuchsteils deutlich unterschätzt. Ein möglicher Erklärungsansatz für die Verschlechterung der Korrelation der Kraftverläufe ist das Auftreten der um ungefähr den Faktor 10 höheren Selbstkontaktkräfte (Abbildung 5.27). Somit lässt sich eine Art der Konvergenz der Übereinstimmungsgüte mit einer Elementkantenlänge, die der Blechdicke entspricht, feststellen. Dieser „Konvergenzeffekt" wird u. a. in der Arbeit von Böhme et al. [2007] bei einem Vergleich von Crashsimulationen axialer Stauchversuche an einem Hohlprofil mit den experimentellen Ergebnissen festgestellt und ist an der hier untersuchten komplexeren Struktur nochmals bestätigt worden.

Die vorliegende Studie wird nun um die Geometrievernetzung mit Volumenelementen erweitert. Sowohl die Bauteile des Längsträgers als auch die Crashboxen werden mit drei Volumenelementen über die Dicke modelliert, so dass die Biegungen bei der Verformung über eine mittlere und zwei

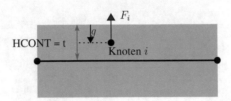

Abbildung 5.26: Kontaktdicke und Kontaktkraft

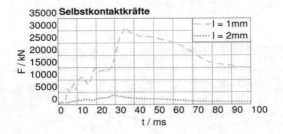

Abbildung 5.27: Selbstkontaktkräfte bei der 1-mm- und 2-mm-Schalen-Vernetzung

äußere Schichten aufgenommen werden können. Die Kraftverläufe und Deformationsmodi können auch mit dieser Modellierung in hoher Güte abgebildet werden. Die Faltenbildung in der Crashbox lässt sich mit dieser Netzfeinheit und dem Kontakt auf den Oberflächen der Volumenelemente gut darstellen. Der Knickmodus im rechten Längsträger (Abbildung 5.24) wird mit diesem Modell in schlechterer Übereinstimmung als mit den Schalenmodellen abgebildet. Die Kurvencharakteristik während der Crashbox-Deformation, speziell die zweite Kraftspitze, wird besser abgebildet als mit den Schalenmodellen und der Zeitpunkt der vierten Kraftspitze bei diesem Modell besser mit dem Versuch übereinstimmt.

Im Schlussteil dieser Voruntersuchung wird der Einfluss unterschiedlicher Elementkantenlängen auf das Materialversagen gezeigt. Die Berechnungen der Schalenmodelle berücksichtigen *Thinning*-Versagen (vgl. Abschnitt 5.3.1.1). Bei der Betrachtung der rot eingefärbten gelöschten Elemente, die das Versagenskriterium überschritten haben (Abbildung 5.28), ist zunächst festzustellen, dass mit kleinerer Kantenlänge die Anzahl der gelöschten Elemente in der Crashbox steigt. Aus Gleichung 5.1 (Seite 82) folgt, dass die relative Dicke eine Funktion der plastischen Dehnung und damit abhängig von der Elementkantenlänge ist. Kleinere Elemente erreichen das Versagenskriterium somit früher. Bei dem 2-mm-Schalenmodell tritt deutlich weniger Versagen als bei dem 6-mm-Schalenmodell auf und bei dem 4- und 6-mm-Schalenmodell ist kaum Materialversagen in der Crashbox zu beobachten. Als Fazit aus den Voruntersuchungen lässt sich ableiten, dass das 2-mm-Schalenmodell unter Berücksichtigung der physikalischen Kontaktdicke die besten Ergebnisse liefert, was die Übereinstimmungsgüte der Kraftverläufe und die Restlängen der Crashboxen betrifft. Dabei ist eine Rechenzeit von ungefähr 110 min. bei der Berechnung mit 64 Prozessoren für ein Simulationsmodell mit diesem Detaillierungsgrad durchaus akzeptabel. Somit wird dieses Modell als Basis für die weiteren Untersuchungen des Simulationsabgleichs verwendet.

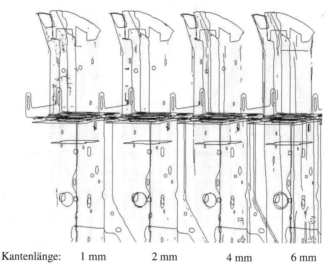

Kantenlänge: 1 mm   2 mm   4 mm   6 mm

Abbildung 3.28. Elementelenninierung in Abhängigkeit der Diskretisierung

5.3.2 Berücksichtigung von Wissen aus Vermessungen

Die beiden Aspekte *Messung der Rollwagentrajektorie* und *Vermessung der Geometrie* werden in dem folgenden Abschnitt analysiert, indem die Informationen aus der Messtechnik in der Simulation berücksichtigt werden. Mit Hilfe dieser Untersuchung wird der Einfluss durch Reduzierung der Ungewissheit über das Modell auf die Systemantwort auf Komponentenebene erläutert.

5.3.2.1 Rollwagentrajektorien

Wie oben erwähnt, kann die Trajektorienmessung nicht nur zu Abgleichzwecken, sondern auch als Eingangsgröße zur Steuerung der Rollwagenbewegung dienen. Dazu wird der Rollwagen als Ersatzmodell in Form eines Starrkörpers modelliert und die translatorischen und rotatorischen Trajektorien werden zur Definition der Führung des Ersatzmodells vorgegeben. Durch die Berücksichtigung der gemessenen Rollwagentrajektorie im Simulationsmodell (*Modell Trajektorie*) soll die Rollwagenbewegung in der Simulation für weitere detaillierte Abgleichuntersuchungen verifiziert werden. Bei Betrachtung der Kraftverläufe aus Abbildung 5.29 lässt sich keine signifikante Änderung in der Kurvencharakteristik feststellen, so dass für weitere Abgleichuntersuchungen davon ausgegangen werden kann, dass in der Simulation ohne geführten Rollwagen (*Modell INVEL*) die Rollwagenbewegung ausreichend abgebildet wird. Die Hauptunterschiede sind in dem Niveau der vierten Kraftspitze links und rechts zu finden, das mit dem *Modell Trajektorie* besser übereinstimmt. Die Übereinstimmungsgüte beider Simulationen mit dem Versuch liegt um 94 %. Des Weiteren zeigt sich, dass der FE-Code in der Lage ist, die Kraftverläufe durch die Berücksichtigung der gemessenen Rollwagenbewegung in dem Simulationsmodell darzustellen.

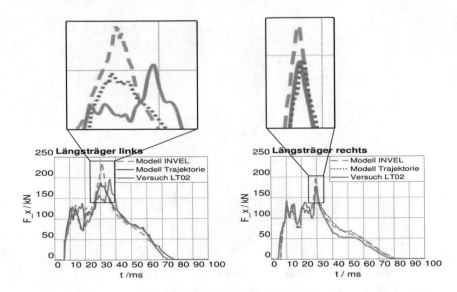

Abbildung 5.29: Berücksichtigung der gemessenen Rollwagen-Trajektorie

5.3.2.2 Geometrieinformation

Die Untersuchungen an der Crashbox haben gezeigt, dass die Geometrieinformation aus der Bauteilvermessung die entscheidende Einflussgröße für den Grad der Übereinstimmung ist. Die Korrespondenz der Kraftverläufe und der Deformationsbilder kann signifikant verbessert werden. In diesem Kapitel wird gezeigt, inwieweit die gemessene Geometrie der Längsträger von der nominalen Zeichnungsgeometrie abweicht und welchen Einfluss die Berücksichtigung dieser Geometrieinformation aus der Messung auf die Korrespondenz zwischen Simulation und Versuch besitzt. Diese Korrespondenz wird wieder anhand des Vergleichs von Kraftverläufen und Deformationsbildern bewertet.

Geometrische Vermessung der Längsträgergeometrien

Analog zu den Untersuchungen an der Crashbox werden zunächst erneut die Abweichungen zwischen den photogrammetrisch vermessenen Geometrien der Längsträger und der Zeichnungsgeometrie in Form eines Vergleichs der Schnittbilder ermittelt. Anschließend wird auf die lokalen Abweichungen zwischen Zeichnungsgeometrie und Vermessung in Form von Konturdarstellungen eingegangen.

Abbildung 5.30 zeigt die globalen Abweichungen zwischen den drei vermessenen Geometrien des linken und des rechten Längsträgers in vier Schnittdarstellungen. Zu sehen sind die übereinanderliegenden Schnitte der Außenkonturen. Hierbei sind keine sichtbaren Abweichungen zwischen den Vermessungen zu erkennen. Daher lassen sich Rückschlüsse von einer vermessenen Geometrie auf die Gesamtheit der untersuchten Strukturen ziehen. Die detaillierte Prüfung der Abweichung zwischen Zeichnungs- und vermessener Geometrie wird aus diesem Grund auf der Basis einer der drei Vermessungen durchgeführt. Ein Vergleich der Schnittbilder der Vermessungs- und der Zeichnungsgeometrie zeigt bei den Schnitten im vorderen Bereich des Längsträgers leichte

Abweichungen an den Radien. Die Geometrieabweichungen sind deutlich geringer als bei den zuvor untersuchten Crashboxen (vgl. Schnittdarstellungen aus Abbildung 3.16).

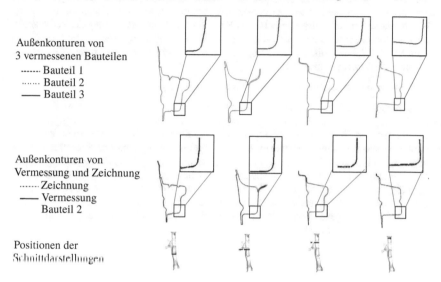

Außenkonturen von
3 vermessenen Bauteilen
------ Bauteil 1
······ Bauteil 2
—— Bauteil 3

Außenkonturen von
Vermessung und Zeichnung
······ Zeichnung
—— Vermessung
Bauteil 2

Positionen der
Schnittdarstellungen

Abbildung 5.30: Geometrieabweichung zwischen Zeichnung und Messung der Längsträger als Schnittdarstellung

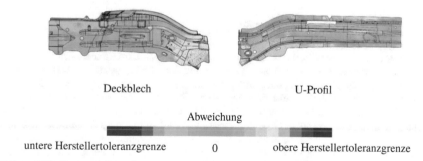

Deckblech   U-Profil

Abweichung

untere Herstellertoleranzgrenze   0   obere Herstellertoleranzgrenze

Abbildung 5.31: Geometrieabweichung zwischen Zeichnung und Messung der Längsträger als Konturdarstellung

Bei Betrachtung der Konturdarstellungen in Abbildung 5.31 ist für die lokalen Abweichungen zunächst zu bemerken, dass diese sich innerhalb der Herstellertoleranzgrenzen bewegen. Die Fertigung dieser Bauteile zeigt eine hohe Maßhaltigkeit. Vor allem im vorderen und hinteren Bereich der Längsträger sind leichte geometrische Abweichungen zu erkennen[2]. Darüber hinaus sind in den Sickenbereichen leichte Abweichungen zu finden. Der Großteil der Flächen befindet

---

[2]An den rot und grau gefärbten Bereichen sind bei dem realen Bauteil Anbauteile angeschweißt, so dass diese Bereiche in der Darstellung nicht aussagekräftig sind.

sich im „grünen" Bereich, sie weisen also sehr geringe Toleranzen auf. Um den Einfluss der
Geometrieabweichung bei den Längsträgern und den Crashboxen auf die Simulationsergebnisse des
Längsträgersystems zu untersuchen, werden wieder die Informationen aus der Geometrievermessung
in das Simulationsmodell implementiert. Das Vorgehen zur Berücksichtigung der gemessenen
Geometrieinformation für die Längsträgerprofile und Deckbleche erfolgt wie bei den Crashboxen
aus Abschnitt 3.3.2.3 mit Hilfe des Morphingverfahrens. Hierbei wird das vorhandene FE-Netz auf
die vermessene Geometrie projiziert.

Berücksichtigung der Geometrieinformation aus der Vermessung

Die Unsicherheit bezüglich der realen Geometrie konnte durch Messungen reduziert werden. Übrig
bleibt eine Ungewissheit im Rahmen der Messunsicherheit. Diese liegt bei dem angewandten
Messverfahren der Photogrammetrie im Bereich der Kameraauflösung und entspricht einer
Messtoleranz von ungefähr ± 0,05 mm. Um den Einfluss der Geometrieinformation auf die
Simulationsergebnisse im Hinblick auf eine Verbesserung der Ergebnisgüte zu prüfen, werden
vier Kombinationen analysiert, die Tabelle 5.4 zu entnehmen sind. In Variante 1 werden sowohl
für die Längsträger als auch für die Crashboxen die CAD-Daten verwendet, in Variante 2 für die
Längsträger die CAD-Daten und für die Crashboxen die Vermessungsdaten, in der dritten Variante
ist die Kombination umgekehrt und in Variante 4 wird für beide Bauteile die Geometrieinformation
aus der Vermessung berücksichtigt[3].

Tabelle 5.4: Kombinationen der Geometrieberücksichtigung mit entsprechenden Übereinstimmungsgraden

| | Kombinationen | | Grad der Übereinstimmung / % | | |
Variante	Längsträger	Crashbox	links	rechts	Mittelwert
1	CAD	CAD	92	95	94
2	CAD	GEO	92	97	95
3	GEO	CAD	94	96	95
4	GEO	GEO	93	97	95

Im Gegensatz zu den Crashbox-Untersuchungen erhält man durch Berücksichtigung der Geometrieinformation keine signifikante Verbesserung der Abbildungsgüte. Tabelle 5.4 zeigt die
Bewertungen für die Korrelationen der Kraftverläufe von Simulation und Versuch der einzelnen
Varianten. Jede Simulation weist einen gerundeten Übereinstimmungsgrad zwischen 94 und 95 %
auf. Die Studie zeigt, dass die untersuchte Struktur aus Längsträgern, Crashboxen und Versteif-
fungselement sich gegenüber Geometrievarianzen robust verhält. Des Weiteren zeigt sich, dass
sich die Abbildungsgüte durch Berücksichtigung der Geometrieinformation aus der Vermessung
nicht verschlechtert. Der verwendete FE-Code ist in der Lage die Versuchsergebnisse auch mit
vermessenen Bauteilgeometrien darzustellen. Für die weiteren Untersuchungen dieser Arbeit wird
für die Crashbox die gemessene Geometrieinformation und für die Längsträger die CAD-Geometrie
im Modell berücksichtigt. Der Grund für die Wahl der CAD-Geometrie für die Längsträger ist,
dass aufgrund von angebundenen Bauteilen an den Längsträgerblechen, die für die Erstellung
des Geometriemodells entfernt werden, die Geometrieinformation aus der Vermessung an diesen
Verbindungsstellen nicht vollständig ist. Darüber hinaus ergeben die Geometrieuntersuchungen
keine weitere Verbesserung mit dem vermessenen Geometriemodell für die Längsträger. Aus
diesen Gründen wird für den weiteren Verlauf der Arbeit das Simulationsmodell der Variante 2
gewählt.

---

[3]In der Tabelle steht die Abkürzung CAD für das Modell mit Zeichnungsgeometrie und GEO für das Modell
vermessener Geometrie

5.3.3 Variation von Modellparametern

Um das Systemverhalten besser zu verstehen und den Einfluss einzelner variierender Parameter auf die Systemantwort zu ermitteln, werden die folgenden parametrischen Studien mit dem abgeglichenen FE-Modell durchgeführt. Zu diesem Zweck werden einzelne Modellparameter von Bauteilen, die im direkten Lastpfad liegen, innerhalb einer zulässigen Fertigungstoleranz variiert um den Einfluss auf die Kraftverläufe und die Restlängen der Crashboxen zu untersuchen. Der Fokus liegt dabei auf steifigkeits- und festigkeitsrelevanten Parametern. Das bedeutet, dass die Blechdicken der Crashboxen und Längsträger (8 Modellparameter) in den folgenden DoE[4]-Studien, Variantenrechnungen und Optimierungen variiert werden. Die Blechdicken haben sowohl Einfluss auf die Biegesteifigkeit im elastischen Bereich als auch auf die Festigkeit im plastischen Verformungsbereich. Der Einfluss weiterer Modellparameter wird hier nicht betrachtet. Folgende Ziele werden im Rahmen dieser Arbeit mit den Parameterstudien verfolgt:

• Bestätigung der Modellgüte

• Identifikation von Verzweigungsbereichen bzw. sensitiver Bereiche

• Ermittlung des Spektrums an möglichen Systemantworten

• Ermittlung einer Parameterkonfiguration mit bester Übereinstimmungsgüte

5.3.3.1 Blechdickenskalierungen

Für diese Versuchsreihe liegen keine Vermessungsdaten über die Blechdickenverteilungen der Versuchskörper vor. Daher folgen im Rahmen von Ungewissheitsbetrachtungen Variationsrechnungen, um zu zeigen welche Bandbreite an Systemantworten bei Berücksichtigung einer vorgegebenen Fertigungstoleranz zu erwarten sind.

Blechdickenvariation der Crashboxen und Längsträger

Um zunächst die Modellgüte zu bestätigen, werden zum einen die Blechdicken der Crashboxen (Innen- und Außenblech) und zum anderen die Bleche der Längsträger (U-Profil und Deckblech) über die zulässige Fertigungstoleranz hinaus mit Skalierungsfaktoren von 0,8 bis 1,2 in jeweils 50 Rechnungen variiert. Die übrigen Modellparameter bleiben konstant mit Nominalwerten. Die beiden Versuchspläne richten sich nach dem Latin-Hypercube-Stichprobenverfahren mit einer gleichmäßigen Abdeckung des vierdimensionalen Faktorraums (vgl. Siebertz et al. [2010]).

Als Bewertungsgröße dient hier der Übereinstimmungsgrad mit der Versuchskurve LT02. Die Ergebnisse aus dieser DoE-Studie werden in Abbildung 5.32 in Form einer 2 D-Konturdarstellung visualisiert, die aus der Projektion eines Ersatzmodells bzw. einer Antwortfläche mit einer Prognosefähigkeit (*Predictive Error Sum of Squares*; kurz: *PRESS*) von 95,6 % resultiert. Zur Interpolation zwischen den bekannten Berechnungsdaten aus der DoE-Studie wird hier das Kriging-Verfahren angewendet, das von Krige [1951] entwickelt wurde. Dabei wird der Funktionswert der Antwortfläche für eine unbekannte Faktorkombination auf Basis von berechneten Daten in der lokalen Umgebung approximiert. Berechnungsdaten, die näher an der gesuchten Stelle liegen, wird dabei eine größere Bedeutung (*gewichteter Abstand*) zugewiesen als entfernteren Datenpunkten. Zunächst kann anhand dieser Darstellung die Modellgüte bestätigt werden, indem die besten

---

[4]Design of Experiments bzw. Statistische Versuchsplanung

Ergebnisse (heller Bereich mit schraffierten Rechteck) sowohl für die Crashboxen als auch für die Längsträger im Skalierungsbereich der Fertigungstoleranz von 0,9 bis 1,1 liegt. Angenommen dieser Bereich läge außerhalb der Fertigungstoleranz, sollte man die Modellgüte hinterfragen. Modelle mit Blechdicken um den Nominalwert liefern hier die besten Übereinstimmungsergebnisse. Bei Betrachtung der 2 D-Konturdarstellung wird darüber hinaus sichtbar, dass das System sensitiver auf Variationen der Innenblechdicke im Vergleich zur Außenblechdicke und auf Variationen der Blechdicke des U-Profils im Vergleich zur Deckblechdicke reagiert.

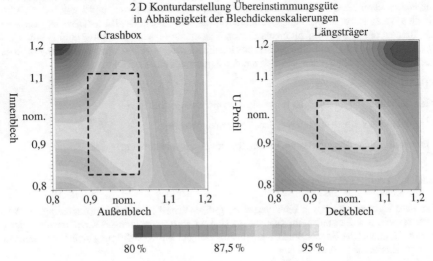

Abbildung 5.32: 2 D-Konturdarstellung Übereinstimmungsgüte mit Versuch LT02 in Abhängigkeit der Blechdickenskalierungen. Links: Crashboxbleche und rechts: Längsträgerbleche

In einem weiteren Schritt wird die Außenblechdicke der Crashbox schrittweise um den Skalierungsfaktor 0,01 innerhalb der möglichen Fertigungstoleranz variiert. Die übrigen Modellparameter bleiben unverändert. Ziel dieser Untersuchung ist es mögliche Verzweigungsbereiche zu identifizieren, in denen eine kleine Änderung der Eingangsparameter verhältnismäßig große Auswirkungen auf die Systemantwort hat. In dem betrachteten Fall dient als Ausgabegröße bzw. als Indikator für das Systemverhalten die Restlänge der rechten Crashbox. Wenn sich alle drei Falten während des Crashs wie im Versuch in der Crashbox bilden, kann von einer hohen Übereinstimmung ausgegangen werden. Falls weniger Falten entstehen ist die Restlänge größer als im Versuch; die Übereinstimmungsgüte der Deformationen aus Simulation und Versuch sinkt. Abbildung 5.34 zeigt die Restlänge der rechten Crashbox in Abhängigkeit der Dicke des Außenblechs. Im Randbereich bei einer Skalierung von 0,91 weist die Crashbox ein zu weiches Verhalten und damit eine deutlich zu geringe Restlänge auf. Das System verhält sich robust gegenüber der Dickenvariation zwischen einem Skalierungsfaktor von 0,94 und ca. 1,04. Zwischen dem Skalierungsfaktor 1,05 und 1,06 ist ein deutlicher Sprung in der Systemantwort bzw. in der Restlänge zu erkennen. In diesem Bereich ist aufgrund der Blechdickenänderung nicht ein Versatz der Kraftverläufe, sondern eine Änderung der Kurvenform zu beobachten. Abbildung 5.33 links zeigt die deformierten Crashboxen mit Skalierungsfaktoren 1,05 und 1,06 für das Außenblech der Crashbox. Es ist zu erkennen, dass sich die untere Crashboxfalte mit dem Skalierungsfaktor 1,06 und dementsprechend die dritte Kraftspitze nicht so ausgeprägt dargestellt wird wie bei der Simulation mit Skalierungsfaktor 1,05

(Abbildung 5.33 rechts). Dadurch wird die restliche Energie zeitlich versetzt vom Längsträger abgebaut und die vierte Kraftspitze ensteht ca. 2 ms früher.

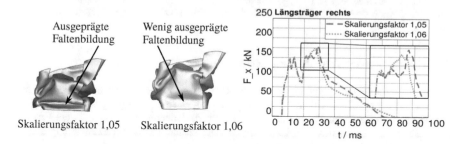

Abbildung 5.33: Faltenbildung der Crashbox rechts und Kraftverläufe mit unterschiedlichen Skalierungsfaktoren für das Außenblech

Die im Versuch LT02 gemessene Referenzlänge beträgt ca. 74 mm mit einer Messtoleranz von ± 0,5 mm (in Abbildung 5.34 grau dargestellt). Bei Blechdickenskalierungen zwischen 0,94 bis 1,04 stimmen die berechneten Restlängen der Crashbox mit der aus dem Versuch im Rahmen der Messungenauigkeit überein. Die hohe Übereinstimmung mit den Kraftverläufen in diesem Bereich der Blechdickenskalierung ist bereits mit Abbildung 5.32 nachgewiesen.

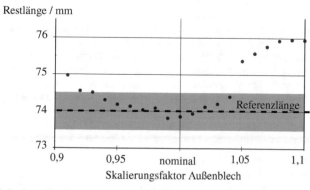

Abbildung 5.34: Punktewolke: Restlänge in Abhängigkeit der Außenblechdicke

Um Aussagen über die Prognosegüte eines Modells treffen zu können, ist es erforderlich die Bandbreite der möglichen Fertigungstoleranz von Modellparametern abzutasten, die wesentlich für das Systemverhalten sind. Das sind in diesem Fall die Blechdicken der Crashboxen und Längsträger. Zusammenfassend lässt sich aus dem Ergebnissen der Parameteruntersuchungen folgern, dass sich dieses System robust gegenüber Blechdickenvariationen verhält. Das bedeutet, dass keine signifikanten Änderungen im Deformationsverhalten und in den Kraftverläufen infolge dieser Variationen zu erkennen sind. In der Detailbetrachtung ist ein Verzweigungsbereich identifiziert, bei dem sich eine Falte in der rechten Crashbox nicht bildet, was eine Abweichung im Kraftverlauf und damit eine Verschlechterung der Übereinstimmungsgüte zur Folge hat. Es wird eine hohe Modellgüte mit Hilfe der Parameterstudien bestätigt. Die besten Ergebnisse hinsichtlich Übereinstimmungsgüte mit dem Versuch sind mit Modellen, die Blechdicken um den Nominalwert berücksichtigen, zu erzielen.

5.3.3.2 Optimierung von Modellparametern

Nachdem der Einfluss durch Variation von Blechdicken gezeigt wurde, werden die Blechdicken und Fließkurven der betrachteten Bauteile des Lastpfades innerhalb der Fertigungstoleranz optimiert. Das Optimierungsziel lautet Maximierung der Kraftverlaufsübereinstimmung mit dem Versuch LT02. Zu diesem Zweck werden insgesamt 8 Parameter variiert, so dass Wechselwirkungseffekte von variierenden Blechdicken berücksichtigt werden.

Tabelle 5.5: Optimierungsparameter

Parameter	Wert
Anzahl der Eltern	24
Geschlecht	24
Population	32
Schrittweite Mutationsfaktor	1,3
Iterationen	30

Dabei wird ein evolutionärer Algorithmus in Form des sogenannten *self-adaptive evolution algorithm* angewendet. Evolutionäre Algorithmen nutzen Rechenmodelle, die auf evolutionären Prozessen wie "natürliche Selektion" und " Überleben der am besten an die Umwelt angepassten Individuen" basieren. Die Besonderheit des *self-adaptive evolution algorithm* ist, dass die Optimierungsparameter adaptiv durch Rückinformationen aus der Suche in jeder Generation angepasst werden. Ziel dieses Vorgehens ist es mit einem heuristischen Verfahren bessere Mutationen im Vergleich zu der vorherigen Generation zu generieren [Kramer und Ting, 2004], [Qin und Suganthan, 2006]. Eine Zusammenfassung der Funktionsweise von evolutionären Algorithmen kann Meywerk [2007] entnommen werden. Für ausführliche Beschreibungen der Prinzipien, Verfahren, Operatoren und Anwendungsmöglichkeiten sei auf Pohlheim [2000] und Weicker [2002] verwiesen. Die hier angewandten Optimierungsparameter sind der Tabelle 5.5 zu entnehmen.

Die beste Parameterkonfiguration aus der Optimierung ist der Tabelle 5.6 zu entnehmen. Die Blechdicken der Crashboxen werden um maximal 5 % unter den Nominalwert skaliert. Die Dicken der Längsträgerbleche werden um maximal 4 % runterskaliert (Ausnahme Deckteil links). Die Crashoxbleche werden somit tendenziell dünner bzw. die Steifigkeiten und Festigkeiten der Bauteile nehmen ab. Zusätzlich werden die Fließkurven dieser Bauteile um maximal ± 9 % um den Nominalwert skaliert. Das beste Ergebnis aus 400 Rechnungen zeigt nur leichte Verbesserung um ca. 2 Prozentpunkte von 94 % auf 96 % gegenüber dem nominalen Ausgangsmodell. Der Graph aus Abbildung 5.40 lässt die leichte Verbesserung in den Kraftverläufen erkennen. Das Ergebnis demonstriert, dass mit diesem Simulationsmodell und einer Blechdickenvariation der betrachteten Bauteile die maximale Übereinstimmung mit dem Versuch erreicht ist. Aus der Optimierung geht hervor, dass unter Berücksichtigung kleiner Fertigungstoleranzen um maximal 5 % bei den Blechdicken und maximal 9 % bei den Fließkurven eine leichte Verbesserung zu erzielen ist. Die

Variationen stellen *eine* mögliche Parameterkonfiguration dar, die die Versuchsergebnisse in hoher Übereinstimmung abbildet.

Tabelle 5.6: Parameterkonfiguration der besten Simulation aus der Optimierung

Skalierungsfaktor	Skalierungen Crashbox			
	Innenblech links	Außenblech links	Innenblech rechts	Außenblech rechts
Blechdicken	0,99	0,98	0,96	0,95
Fließkurven	0,91	1,06	1,05	0,96

Skalierungsfaktor	Skalierungen Längsträger			
	Deckteil links	U-Profil links	Deckteil rechts	U-Profil rechts
Blechdicken	1,04	0,98	0,98	0,96
Fließkurven	0,97	1,0	1,08	1,03

5.4 Berechnung der Rückfederung

Es existiert je Versuchsvariante eine Geometrievermessung im verformten Zustand. Zum Zweck der photogrammetrischen Geometrievermessung werden die deformierten Längsträgersysteme demontiert, d. h., die Schrauben werden von der Anbindungsplatte des Rollwagens gelöst. Aufgrund der durch den Crash verursachten Verformungen wird Energie in dem System gespeichert. Es entstehen Eigenspannungen in den Längsträgern. Nach der Demontage wird durch die Relaxation der Spannungen diese Energie wieder freigesetzt, indem sich die Längsträger entspannen bzw. in den Gleichgewichtszustand übergehen. Diese zeigen eine Biegung nach innen, wie aus Abbildung 5.35 ersichtlich ist. Das Phänomen der elastischen Rückfederung nach einer plastischen Verformung hat vor allem im Bereich der Umformtechnik respektive des Tiefziehens eine große Bedeutung und muss bei der Auslegung der Werkzeuggeometrien und der Prozessparameter kompensiert werden. Nähere Erläuterungen zur FEM-Berechnung des Rückfederungseffekts nach einem Umformvorgang finden sich in Schmidt-Jürgensen [2002], Schroeder [2007] und Muthler [2005].

In der folgenden Untersuchung wird diese durch die Rückfederung bedingte Verformung in der Simulation nachgebildet, um sie anschließend mit der Vermessung vergleichen zu können. Dazu wird eine Rechnung in zwei Schritten durchgeführt, bei der zunächst der Crashlastfall des Längsträgersystems berechnet wird. Im zweiten Schritt wird – wie in der Realität auch – die Schraubenverbindung zum Rollwagen entfernt. Es werden also die Randbedingungen verändert.

Die durch die Deformation hervorgerufenen Spannungen im Längsträger, die im ersten Schritt berechnet werden, bauen sich durch das elastisch-plastische Materialverhalten der Bauteile wieder ab. Es wird also die Relaxation der Eigenspannungen kalkuliert. Während der Simulationszeit des zweiten Berechnungsschritts ist ein Ausschwingen der beiden Längsträger zu beobachten. Das bedeutet, dass die Verschiebungen und Spannungen, die als Ausgabegrößen aus dem ersten Berechnungsschritt gewonnen werden, als Eingangsgrößen in den zweiten Schritt eingehen. Beide Berechnungsschritte, also sowohl der Crashvorgang als auch die Rückfederung, werden mit einem expliziten Solver berechnet. Das Resultat ist in Abbildung 5.35 dargestellt und zeigt, dass die Rückfederung nach der Entfernung der Schraubenverbindung in der Simulation im Vergleich

zur vermessenen Geometrie des Versuchskörpers mit dem verwendeten FE-Code gut abgebildet
werden kann.

Deformation nach dem   Deformation nach dem   Geometrievermessung
ersten Berechnungsschritt   zweiten Berechnungsschritt

Abbildung 5.35: Rückfederung des Längsträgersystems nach der Demontage. Links: Simulationsmodell;
rechts: Geometrievermessung

Aufgrund der Tatsache, dass die Geometrieinformationen sowohl des Simulationsmodells als auch
des realen Modells im demontierten, rückgefederten Zustand vorliegen, besteht die Möglichkeit, sie
im Detail zu vergleichen. Dies kann einerseits durch einen rein visuellen Vergleich erfolgen. Des
Weiteren besteht die Möglichkeit, die Knotenabstände zwischen beiden deformierten Geometrien
zu ermitteln und als Konturdarstellung anzuzeigen. Abbildung 5.36 verdeutlicht, wie die lokale
Abweichung visualisiert werden kann. Die Kalkulation der Knotenabstände basiert auf einem vom
Fraunhofer SCAI entwickelten Algorithmus. Aufgrund der unterschiedlichen Diskretisierungen
des vermessenen und des berechneten Modells besitzen die Netze auch unterschiedliche Knoten.
Daher wird von einem Knoten aus der Vermessung der nächstgelegene Knoten aus dem Modell
gesucht und der Abstand berechnet. Aus den einzelnen Knotenabständen (Angabe in mm) lässt sich
wiederum ein mittlerer Abstand berechnen, der als zusätzliches Abstandsmaß zur Bewertung der
Deformation anhand der verschiedenen Simulationsvarianten im Vergleich zum Versuch dienen
kann.

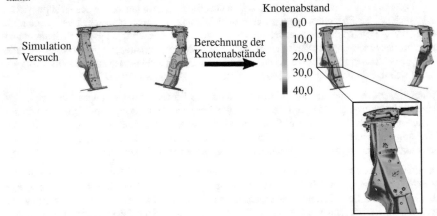

Abbildung 5.36: Geometrieabweichung zwischen Simulation und Versuch im deformierten Zustand. Links:
Beide Modelle positioniert; rechts: Konturdarstellung der Knotenabstände

Diese Darstellung bietet sich an, um neben der Übereinstimmungsgüte der Kraftverläufe das
Deformationsbild des gesamten Längsträgersystems zu beurteilen und mit einzelnen Simulationsvarianten zu vergleichen. Dieser visuelle Vergleich wird am Fall „bestes Modell vs. nominales

Modell" exemplarisch durchgeführt. Die Abbildungen 5.37, 5.38 und 5.39 zeigen die Resultate nach Anwendung des beschriebenen Verfahrens für die einzelnen Versuchsvarianten. Auf der linken Seite ist der Abstand zwischen Vermessung und dem nominalen Simulationsmodell und auf der rechte Seite der Abstand zwischen Vermessung und dem Simulationsmodell mit den variierten Parametern zu sehen. Mit Blick auf Variante 1 lässt sich feststellen, dass die maximalen lokalen Abweichungen bei dem nominalen Modell deutlich höher sind als bei dem modifizierten Modell. Während bei dem nominalen Modell die maximale Abweichung 62 mm und die mittlere Knotenabweichung 10 mm beträgt, weist das modifizierte Modell eine maximale Abweichung von 38 mm und eine mittlere Abweichung von 8 mm gegenüber der vermessenen Geometrie aus dem Versuch auf.

5.5 Transfer des Simulationsmodells auf die Versuchsvarianten

Die bisherigen Untersuchungen haben gezeigt, dass der Crashvorgang der Versuchsvariante 1 mit ausgerichteten Schottplattenpositionen so abgebildet werden kann, dass es hinsichtlich der Kraftverläufe und des Deformationsverhaltens zu einer hohen Übereinstimmungsgüte im Hinblick auf den Versuch kommt. Im weiteren Verlauf dieses Kapitels wird gezeigt, in welcher Güte die Abbildung der anderen beiden Versuchsvarianten mit versetzten Schottplattenpositionen, die in Abschnitt 5.2 beschrieben sind, gelingt. Die Versuchsergebnisse zeigen ein robustes Verhalten gegenüber der Varianz in den Schottplattenpositionen. Das bedeutet, die Kraftverläufe und Deformationsbilder weisen trotz der stark überzeichneten Verschiebungen der Schottplatten keine signifikanten Abweichungen auf. Daher wird in diesem Abschnitt geprüft, ob dieses beobachtete Systemverhalten der Realität auch in der Simulation abbildbar ist.

5.5.1 Versuchsvariante 2

Zur Bewertung der Übereinstimmungsgüte des abgeglichenen Simulationsmodells für die beiden anderen Versuchsvarianten werden ebenfalls sowohl das CORA-Rating als auch das geometrische Abstandsmaß herangezogen. Die Abweichungen der verformten Geometrien der beiden Modelle – nominal und modifiziert – werden in den charakteristischen Werten mittlerer und maximaler Geometrieabstand zusammengefasst.

Das modifizierte Simulationsmodell aus dem Abgleich mit der Versuchsreihe 1, das die Parameter aus der Blechdicken- und Fließkurvenoptimierung (Tabelle 5.6) enthält, zeigt auch bei der zweiten Versuchsreihe eine hohe Übereinstimmung der Kraftverläufe. In diesem Fall wird mit dem Versuch LT06 verglichen. Das bereits hohe Niveau der Übereinstimmung von 93 % des Ausgangsmodells kann mit dem anderen Simulationsmodell noch um 1 Prozentpunkt gesteigert werden. Abbildung 5.41 zeigt, dass die Hauptabweichung der Kraftverläufe links im Kraftniveau und Zeitpunkt der vierten Kraftspitze liegt. In der Simulation wird die vierte Kraftspitze bei ca. 31 ms mit ca. 25 kN (modifiziertes Modell) und ca. 40 kN (nominales Modell) in der Simulation überschätzt. Diese signifikante Abweichung zu der Versuchskurve kann mit den untersuchten Maßnahmen und dem vorliegenden Modell nicht wesentlich verringert werden. Der zweite Kraftabfall links tritt bei allen drei Varianten in der Simulation zu früh ein. Dementsprechend erfolgt der Eintritt des dritten und vierten Kraftabfalls im Vergleich zu der Versuchskurve zu früh. Bei dem Abgleich mit der Versuchsvariante 2 ist dieser zeitliche Versatz des vierten Kraftabfalls von etwa 5 ms besonders deutlich. Hingegen stimmen die Kraftverläufe rechts beider Simulation mit 96 % bei dem nominalen Modell und 97 % bei dem modifizierten Modell in hoher Güte mit dem Versuch LT06 überein.

Knotenabstand

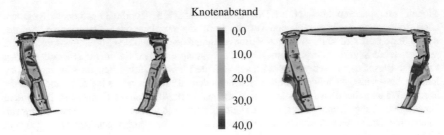

Abbildung 5.37: Geometrieabweichungen zwischen Simulation und Versuch im deformierten Zustand
aus der ersten Versuchsreihe. Links: Ausgangsmodell; rechts: Simulationsmodell mit
Modifikationen

Knotenabstand

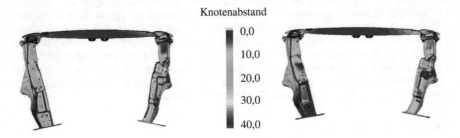

Abbildung 5.38: Geometrieabweichungen zwischen Simulation und Versuch im deformierten Zustand
aus der zweiten Versuchsreihe. Links: Ausgangsmodell; rechts: Simulationsmodell mit
Modifikationen

Knotenabstand

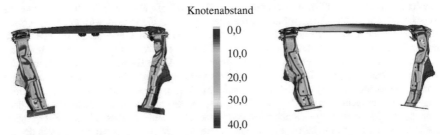

Abbildung 5.39: Geometrieabweichungen zwischen Simulation und Versuch im deformierten Zustand
aus der dritten Versuchsreihe. Links: Ausgangsmodell; rechts: Simulationsmodell mit
Modifikationen

Tabelle 5.7: Übereinstimmungsgüte der Kraftverläufe sowie der geometrischen Abstandsmaße des modifizierten Modells und des nominalen Modells mit den Versuchen

		Übereinstimmungsgüte der Kraftverläufe / %			Geometrischer Abstand / mm	
		links	rechts	Mittelwert	maximaler Abstand	mittlerer Abstand
Var. 1	nominal	93	96	94	62	10
	modifiziert	93	98	96	38	8
Var. 2	nominal	90	96	93	61	10
	modifiziert	91	97	94	37	8
Var. 3	nominal	88	84	86	82	17
	modifiziert	90	83	87	77	14

Trotz der Veränderung in der Momenteneinleitung durch die Verschiebung der Schottplatten werden das Deformationsverhalten und der Kraftverlauf in seiner Form und seinem Niveau im Vergleich zu Variante 1 im Versuch nicht signifikant geändert. Die Simulation ist in der Lage, dieses Verhalten nachzubilden. Das wird durch den geometrischen Vergleich nach dem Crash aus Abbildung 5.38 und den Werten aus Tabelle 5.7 belegt. Der maximale Abstand zwischen den verformten Geometrien wird von 61 mm auf 38 mm und der mittlere Abstand von 10 mm auf 8 mm reduziert. Somit lässt sich festhalten, dass sowohl die Kraftverläufe als auch die Deformationsmodi der zweiten Versuchsvariante in der Simulation in hoher Güte abgebildet werden können und die Übereinstimmungsgüte mit dem modifizierten Modell noch leicht verbessert werden kann.

5.5.2 Versuchsvariante 3

Es wird untersucht, ob das im Versuch beobachtete Verhalten aus Variante 3 auch in der Simulation abgebildet wird. Hierzu wird zunächst der Deformationsmodus aus Abbildung 5.39 verglichen. Die Abweichungen sind sowohl beim Ausgangsmodell als auch beim modifizierten Modell deutlich höher als bei den anderen Varianten. Das Deformationsverhalten kann nicht in der gleichen Abbildungsgüte wiedergegeben werden wie bei den anderen Varianten. Dieser Unterschied zu den Versuchen spiegelt sich auch in den Kraftverläufen rechts wider. Mit Blick auf die geometrischen Abstandsmaße lässt sich zusammenfassen, dass die maximalen und mittleren Abstände deutlich höher sind als bei den anderen beiden Varianten. Hier kann mit dem modifizierten Modell keine deutliche Verbesserung erzielt werden. Beide Modelle bilden das Faltenbild der Crashbox rechts nicht ausreichend ab, da sich die dritte Falte in der Crashbox nicht ausprägt. Aufgrund der im Vergleich zur Ausgangsvariante veränderten Krafteinleitung in die Crashbox, verhält sich diese in der Simulation steifer als in den beiden anderen Varianten (Abbildung 5.43). In den beiden gültigen Versuchen dieser Versuchsvariante wird das Faltenbildung in der rechten Crashbox jedoch nicht signifikant verändert; auch hier entstehen alle drei Falten. Die vergleichsweise hohen geometrischen Abweichungen in den Enddeformationen beider Modelle folgen aus dem unterschiedlichen Faltenbild der rechten Crashbox und daraus resultierender zu ausgeprägter Biegung des Längsträgers in Z-Richtung.

Ein Vergleich der Kraftverläufe aus Abbildung 5.42 zeigt, dass die Kurvencharakteristik des Kraftverlaufs links bei beiden Modellen mit ca. 90 % Übereinstimmungsgüte abgebildet wird. Die Charakteristik des rechten Kraftverlaufs wird auf gleichem Übereinstimmungsniveau dargestellt,

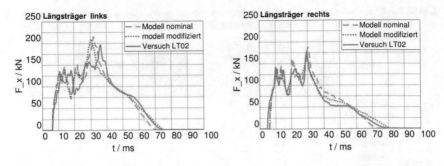

Abbildung 5.40: Kraftverläufe des besten Simulationsmodells, des Ausgangsmodells und des Versuchs aus Versuchsvariante 1

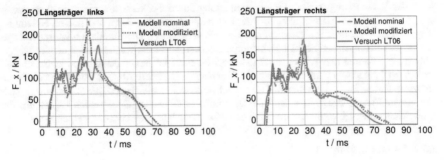

Abbildung 5.41: Kraftverläufe des besten Simulationsmodells, des Ausgangsmodells und des Versuchs aus Versuchsvariante 2

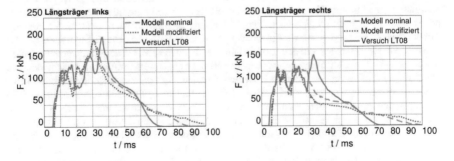

Abbildung 5.42: Kraftverläufe des besten Simulationsmodells, des Ausgangsmodells und des Versuchs aus Versuchsvariante 3

Versuch   Modell modifiziert   Modell nominal

Abbildung 5.43: Ansicht Crashbox rechts unten. Unterschiedliche Faltenbildung in Versuch und Simulation

da die vierte Kraftspitze bei beiden Modellen nicht abgebildet wird. Grund dafür ist die eben beschriebene fehlende dritte Crashboxfalte. Der Längsträgerknick entsteht dementsprechend zu früh in der Simulation. Zusammenfassend lässt sich feststellen, dass die Versuchsvariante 3 mit dem abgeglichenen Modell dieser Untersuchung nicht auf dem hohem Niveau abgebildet werden kann, wie dies bei den anderen Varianten möglich ist. Dabei lässt sich mit beiden Simulationsmodellen – nominal und modifiziert – noch eine Übereinstimmungsgüte von 86 bis 87 % mit dem Versuch LT08 erzielen.

5.6 Ergebniszusammenfassung des Kapitels

Die Versuchsergebnisse weisen eine hohe Reproduzierbarkeit auf und sind daher von hoher Aussagekraft für den durchgeführten Simulationsabgleich. Im Versuch erweist sich das Längsträgersystem hinsichtlich der veränderten Kraft- bzw. Momenteneinleitung als robust. Dieses Verhalten kann in der Simulation bezüglich der Kraftverläufe als auch der Deformationsmodi in hoher Übereinstimmung abgebildet werden. Die Versuchsvarianten 1 und 2 können mit sehr hoher Abbildungsgüte berechnet werden. Die Versuchsergebnisse der Variante 3 lassen sich nicht auf gleichem Niveau simulieren, es zeigen sich aus globaler Sicht aber dennoch zufriedenstellende Simulationsergebnisse.

Das hier verwendete kinematisch abgeglichene, hoch aufgelöste Modell ermöglicht hinsichtlich des Diskretisierungsgrades und des physikalischen Modellierungsdetailgrades Variantenrechnungen, um den Einfluss durch die Variation verschiedener Eingangsgrößen zu identifizieren. Auch in der Simulation zeigt das Längsträgersystem insgesamt betrachtet geringe Schwankungen der Systemantwort auf eine Variation der Modellparameter. Die Blechdicken der Crashboxen und Längsträger besitzen einen großen Einfluss auf die Übereinstimmungsgüte der Simulationen mit dem Versuch. Im Gegensatz zu den Untersuchungen an der Crashbox hat die geometrische Variabilität keinen signifikanten Einfluss auf die Simulationsergebnisse. Auf dieser Komplexitätsebene zeigt der verhältnismäßig große Aufwand für die Messung und Implementierung der Bauteilgeometrien und Rollwagentrajektorien in dem Simulationsmodell keine deutliche Verbesserung der Abbildungsgüte. Nach diesen Untersuchungen kann von einer hohen Prognosegüte des Modells ausgegangen werden, da die Versuchsvarianten mit hoher Genauigkeit abgebildet werden können.

6 Untersuchungen an Karosserien

Nachdem eine hohe Ergebnisgüte von Simulationen der untersuchten Modelle Crashbox und Längs-trägersystem sichergestellt ist, wird nun die Abbildungsgüte bei einer Rohkarosserie (Entwicklungs-stand) untersucht. Diese stellt die dritte und letzte Komplexitätsstufe in der Validierungshierarchie der vorliegenden Arbeit dar. Neben der Ermittlung der bestmöglichen Abbildungsgüte werden die bisherigen Erkenntnisse auf Gesamtsystemebene verifiziert. Zu diesem Zweck sind auch hier die Simulationen mit den entsprechend durchgeführten Versuchen im Hinblick auf Kraftverläufe und Deformationsmodi zu vergleichen. Nach einer Beschreibung der Karosseriestruktur und der durchgeführten Versuche wird auf den Simulationsabgleich eingegangen. Es gilt zu analysieren, welchen Einfluss die bisher untersuchten Modellparameter auf dieser Komplexitätsebene haben und welche Güte der Abgleich eines derart komplexen Systems mit bereits validierten Substrukturen aufweist. Das im Folgenden vorgestellte Deformationsverhalten der Karosseriestruktur ist nur unter den hier durchgeführten Versuchsrandbedingungen gültig. Es sind daher keine direkten Rückschlüsse auf das Verformungsverhalten in einem Gesamtfahrzeug möglich.

6.1 Beschreibung des Struktursystems

Die Karosseriestruktur wird in den folgenden Ausführungen unter den Aspekten Geometrie, Werkstoffe und Verbindungstechnik charakterisiert. Die bereits behandelten Substrukturen Crashbox und Längsträger werden dabei nicht noch einmal im Detail erläutert.

Abbildung 6.1 zeigt die Karosserie aus verschiedenen Perspektiven. Es handelt sich um eine selbsttragende Struktur, die im Wesentlichen aus warm- und kaltumgeformten Tiefziehprofilen, Blechen und *Tailor Rolled Blanks*[1] besteht. Die vorhandenen Verbindungstechniken dieses Untersuchungsgegenstandes sind Schweißpunkte und -nähte, Nieten sowie Klebungen.

Die Frontstruktur ist bei diesen Versuchen der Bereich, der den größten Teil der Energie absorbiert. Abbildung 6.2 zeigt auf der rechten Seite, dass bei diesem Versuchsaufbau die eingeleitete Energie hauptsächlich von der Frontstruktur und dem Bodenblech aufgenommen und in innere Energie umgewandelt wird. In diesem Bereich entstehen plastische Verformungen wie in Abbildung 6.2 rechts farblich gekennzeichnet ist. Das Heck der Karosserie nimmt bei diesen Versuchen keine Kräfte mehr auf. Die kinetische Energie wird in den vorderen Querträger ein- und dann in die Crashboxen und Längsträger weitergeleitet. Diese Bauteile befinden sich im direkten Lastpfad, der in Abbildung 6.2 links rot eingezeichnet ist. Bei dem im weiteren Verlauf dieses Kapitels folgenden visuellen Simulationsabgleich der Deformationsmodi steht die Frontstruktur im Fokus der Betrachtung.

Die Frontstruktur umfasst das in Kapitel 5 behandelte Längsträgersystem, das aus Querträger, Crashboxen und Längsträgern besteht, sowie die vorderen Radhäuser und die Stirnwand. Des Weiteren weist die untersuchte Karosserie, die in Abbildung 6.1 aus verschiedenen Ansichten dargestellt ist, einen mittleren und einen hinteren Abschnitt auf. Der mittlere Teil besteht aus dem

---

[1]Kaltgewalzte Bleche mit verschiedenen Blechdicken.

© Springer Fachmedien Wiesbaden GmbH, ein Teil von Springer Nature 2019
P. Wellkamp, *Prognosegüte von Crashberechnungen*, AutoUni – Schriftenreihe 133,
https://doi.org/10.1007/978-3-658-24151-3_6

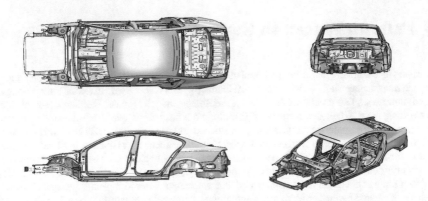

Abbildung 6.1: Verschiedene Ansichten der Karosserie

Bodenblech, dem Tunnel, der A- und der B-Säule sowie dem Dach. Den hinteren Part bilden die C-Säule, die hinteren Radhäuser, das Kofferraumbodenblech, der hintere Querträger und die Stirnwandträger.

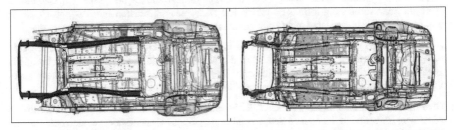

Abbildung 6.2: Ansicht Unterseite der Karosserie. Links: Lastpfad; rechts: Bereich der plastischen Verformung während des Versuchs

6.2 Dynamische Versuche an Karosserien

Zu Validierungszwecken werden fünf gültige Karosserieversuche durchgeführt. Die Versuchsreihe besteht aus zwei Varianten mit unterschiedlichen Aufprallgeschwindigkeiten bzw. -energien. Der Rollwagen fährt mit der Karosserie wie in Abbildung 6.3 dargestellt auf die Kraftmesswand zu, so dass die Frontstruktur stark deformiert wird. Alle Versuche werden mit 0 Grad Lasteinleitungswinkel und 100 % Überdeckung gefahren. Sie sind zur Bestimmung eines geeigneten Versuchsaufbaus und geeigneter Versuchsrandbedingungen sowie zur Identifikation kritischer Bereiche, an denen ein Versagen auftreten kann, mit Hilfe von Simulationen ausgelegt. Die Auslegung stellt sicher, dass der Rollwagen mit dem Gestell nicht im Lastpfad liegt und die Energie hauptsächlich von der Karosseriestruktur aufgenommen wird. Außerdem können kritische Anbindungsstellen erkannt und versteift werden. Die Versuchsrandbedingungen werden so ausgelegt, dass eine hohe Reproduzierbarkeit gewährleistet ist. Die Massen und Geschwindigkeiten der Abgleichuntersuchungen werden simulativ unter folgenden Kriterien bestimmt:

• Vollständige Absorption der Energie durch die Karosseriestruktur

• Deutliche Deformation der Frontwagenstruktur zu Abgleichzwecken

• Keine Deformation des Rollwagens und des Gestells

• Deutliche Unterschiede in den Deformationsmodi zwischen beiden Versuchsvarianten

6.2.1 Versuchsaufbau und Simulationsmodell

Der Versuchsaufbau und das analog dazu erstellte Simulationsmodell bestehen im Wesentlichen – wie aus Abbildung 6.3 ersichtlich – aus dem Rollwagen (dunkelblau), der auch für die Längsträgersystemversuche verwendet wird, einem Anbindungsgestell (grau) zwischen Karosserie und Rollwagen, der Karosseriestruktur (weiß) und der Kraftmesswand (braun). Die Frontstruktur der Karosserie ist farblich in den Querträger mit den Crashboxen (orange) und in die Längsträger (hellblau) unterteilt. Die Unterseite der Karosserie ist dabei über jeweils zwei Anbindungsstellen vorne und in der Mitte sowie am Heck über Schraubverbindungen angebunden. Diese Anbindungen werden im Modell mit Starrkörpern modelliert. Das Stahlgestell ist wiederum mittels Schraubenverbindungen mit dem Rollwagen verbunden. Diese Anbindung wird durch TIED-Kontakte im Modell realisiert. Der Rollwagen hat eine Masse von 790 kg, das Anbindungsgestell von 286 kg und die Karosserie inklusive der Frontwagenstruktur von 313 kg, so dass sich ein gesamtes Crashgewicht von 1389 kg ergibt.

Die Modellierung der physikalischen Eigenschaften wird aus den vorigen Untersuchungen übernommen (siehe Abschnitt 5.1). Bezüglich der Diskretisierung ist zu erwähnen, dass auch hier die für die Deformation verantwortlichen Bauteile der Frontstruktur mit 2-mm-Schalenelementen[2] vernetzt sind. Der restliche Teil der Karosserie ist gröber mit Schalenelementen, die eine Kantenlänge von 8 mm besitzen, vernetzt. Für die Erstellung der Verbindungen werden die gleiche Modellierungstechnik und die gleichen Versagensmodelle angewendet wie für die Crashbox (Abschnitt 3.1) und das Längsträgersystem (Abschnitt 5.1). Zum Materialversagen ist zu erwähnen, dass bei diesem Modell für die Blechprofile das in Abschnitt 5.3.1.1 beschriebene *HSR-Versagen* angewendet wird, also ein Versagen auf der Basis der Dehnungen für Schalenelemente.

6.2.2 Versuchsergebnisse

Die beiden Versuchsvarianten unterscheiden sich hinsichtlich ihrer Aufprallgeschwindigkeiten von $v = 7\,m/s$ (= 25,2 km/h) und $v = 8,6\,m/s$ (= 31 km/h). Im Folgenden wird zwischen dem langsameren und dem schnelleren Versuch unterschieden. Die kinetischen Energien betragen damit für den langsameren Lastfall ca. 34 kJ und für den schnelleren Lastfall ca. 51 kJ. Für beide Lastfälle werden die Kraft-Zeit-Verläufe in Zusammenhang mit den aufgetretenen Deformationsmodi erläutert. Sie dienen im weiteren Verlauf des Kapitels dem Abgleich mit den Simulationsergebnissen. Tabelle 6.1 gibt eine Übersicht über die charakteristischen Größen der Versuche. Die Versuche zeigen eine hohe Reproduzierbarkeit hinsichtlich der Aufprallgeschwindigkeiten. Auf das Deformationsverhalten der einzelnen Versuche wird im Folgenden genauer eingegangen.

---

[2]Unterintegrierte Belytschko-Tsay-Elemente.

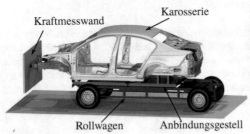
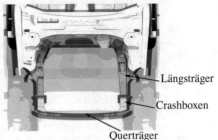

Seitenansicht Rohkarosserie links   Anischt Frontstruktur oben

Abbildung 6.3: Versuchsaufbau der Karosserieversuche

Versuchsvariante 1

Bei dem langsameren Versuch liegen die Ergebnisse von drei gültigen Versuchsdurchführungen vor. Die Kraft-Zeit-Verläufe sind der Abbildung 6.4 zu entnehmen. Auch hier wird zwischen dem Kraftniveau im linken und dem Kraftniveau im rechten Längsträger differenziert. Die Kurvenverläufe der Versuche RK01 und RK03 weisen eine hohe Ähnlichkeit auf. Die Kurven des linken Längsträgers zeigen zwei Kraftspitzen, die Kurven des rechten Längsträgers drei. Die Zeitpunkte der Kraftspitzen stimmen in hohem Maße überein. Die Kraftverläufe des Versuchs RK02 sind im Vergleich zu den anderen beiden von gleicher Charakteristik, allerdings entstehen links drei und rechts zwei Kraftspitzen. Bei den Versuchen RK01 und RK03 bildet sich auf der linken Seite nur eine Falte in der Crashbox, so dass die weitere Energieabsorption in den Längsträgern stattfindet und der Knickmodus entsteht. Die Ereignisse *Kollabieren der Falte in der Crashbox* und

Tabelle 6.1: Ergebnisse aus den Karosserieversuchen

Versuch	Aufprall-geschwindigkeiten		F_{max} / kN		F_{mittel} / kN		Anzahl Falten Crashbox	
	v_{IST} / km/h	v_{SOLL} / km/h	links	rechts	links	rechts	links	rechts
RK01	25,1	25,2	146	133	33	37	1	2
RK02	25,1	25,2	132	136	37	25	2	1
RK03	25,1	25,2	138	136	33	34	1	2
RK04	30,9	30,9	157	135	44	40	3	3
RK05	30,9	30,9	146	126	50	38	3	2

Knickentstehung im Längsträger korrelieren mit den Zeitpunkten der Kraftspitzen. Auf der rechten Seite bilden sich zwei Falten in der Crashbox und anschließend ereignet sich der Knickmodus. Daher sind auf dieser Seite insgesamt drei Kraftspitzen zu beobachten. Bei dem Versuch RK02 sind die gleichen Vorgänge entgegengesetzt zu sehen. Das bedeutet, hier entstehen links zwei Falten in der Crashbox und rechts eine Falte, bevor die Längsträger deformieren. Die Lastniveaus der Kurven stimmen bei den Versuchen überein. Für den Abgleich mit der Simulation werden die Ergebnisse des Versuchs RK02 verwendet, da für diesen Versuch auch die Geometriedaten aus der photogrammetrischen Bauteilvermessung des Längsträgersystems im deformierten Zustand nach dem Crash vorliegen.

Versuchsvariante 2

Für den schnelleren Lastfall liegen die Ergebnisse von zwei gültigen Versuchen vor. Der Übereinstimmungsgrad bezüglich der Kraftverläufe der beiden Versuche RK04 und RK05 ist geringer als bei der ersten Versuchsvariante. Die Kraftverläufe links und rechts weisen drei Kraftspitzen auf, wobei die Kurvenform von Versuch RK05 stark von der des Versuchs RK04 abweicht (Abbildung 6.5). Im Gegensatz zur Variante 1 ist hier ein stärkeres Falten der Crashbox auf beiden Seiten zu beobachten. Für den Vergleich mit der Simulation werden die Ergebnisse des Versuchs RK05 verwendet, da für den geometrischen Abgleich zwischen Versuch und Simulation hier ebenfalls Vermessungsdaten des Längsträgersystems nach dem Crash vorliegen. Ein Vergleich der Deformationen der Frontstruktur aus den Versuchen RK02 und RK05 ist in Abbildung 6.6 wiedergegeben. Er zeigt, dass die Crashbox des Versuchs RK05 im Gegensatz zu der aus RK02 vollständig durchfaltet.

6.2.3 Messung der Trajektorien und Rollwagenkinematik

Bei diesem Versuchsaufbau weicht die Position des Schwerpunkts deutlich von dem eines Gesamtfahrzeugs ab. Dementsprechend ist eine stark abweichende Kinematik dieses Systems während des Crashvorgangs zu beobachten. Auch bei diesen Versuchen sind die Bewegungen der Punktemarken auf der Karosserie sowie die des Rollwagens zu Abgleichzwecken aufgezeichnet worden. Die Trajektorien aus dem Versuch werden am Beispiel des langsameren Versuchs miteinander verglichen, um Rückschlüsse auf die Wiederholgenauigkeit und mögliche Korrelationen zu den Kraftverläufen zu ziehen.

Messung der Trajektorien

Abbildung 6.7 zeigt die translatorischen und Abbildung 6.8 die rotatorischen Bewegungen[3] des Rollwagens bis zum Zeitpunkt des vollständigen Kraftabfalls bei 150 ms. Auch bei dieser Darstellung sei – wie bei der Trajektoriendarstellung der Längsträgersystemversuche – auf die unterschiedlichen Skalen der Graphen hingewiesen. Denn auch hier ist die Bewegung in Y-Richtung verhältnismäßig deutlich geringer als in den anderen Koordinatenrichtungen. Die Rotation um die Y-Achse ist hingegen wesentlich größer als die um die anderen beiden Achsen.

Die Trajektorien in X-Richtung zeigen eine geringe Streuung von 20 mm im Maximum der Auslenkung. Die Z-Trajektorien stimmen in der Kurvenform und in den Maximalwerten in hohem Maße überein. Die Übereinstimmung der beiden Hauptkomponenten der Bewegungen in X- und

---

[3]Die Trajektorien beziehen sich auf das Fahrzeugkoordinatensystem (Abbildung 5.15)

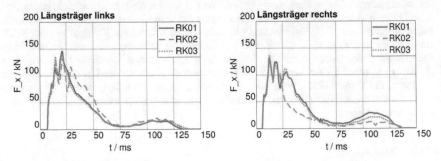

Abbildung 6.4: Kraftverläufe der Versuchsvariante 1 mit v = 7 m/s

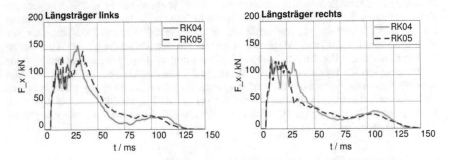

Abbildung 6.5: Kraftverläufe der Versuchsvariante 2 mit v = 8,6 m/s

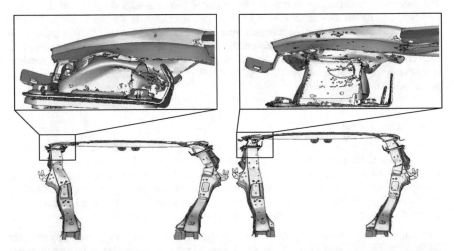

Abbildung 6.6: Vermessene Geometrien der Frontstruktur im Zustand der Enddeformation. Links: Versuch
RK05 (schnellerer Versuch); rechts: Versuch RK02 (langsamerer Versuch)

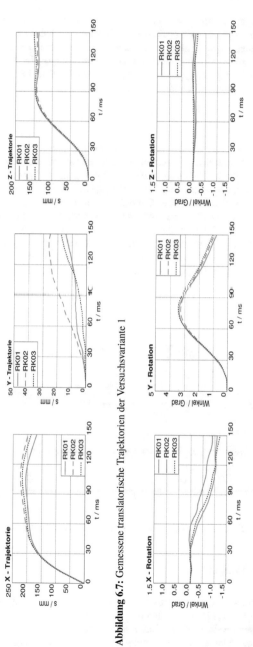

Abbildung 6.7: Gemessene translatorische Trajektorien der Versuchsvariante 1

Abbildung 6.8: Gemessene rotatorische Trajektorien der Versuchsvariante 1

in Z-Richtung zeigen eine hohe Reproduzierbarkeit dieser Versuche. Die Y-Trajektorie weicht
bei dem Versuch RK02 von den anderen beiden Versuchen ab. Der Kraftverlauf des Versuchs
RK02 bzw. die Faltenbildung in den Crashboxen weichen ebenfalls, wie in der Beschreibung der
Versuchsergebnisse erklärt, von den anderen beiden Versuchen ab. Aufgrund der ungleichmäßigen
Faltenbildung ergibt sich im Vergleich zu den beiden Versuchen RK01 und RK03 eine Rotation
um die Z-Achse in entgegengesetzter Richtung.

Rollwagenkinematik

Ein Vergleich der Kinematik zwischen Versuch RK05 und der Simulation ist in Abbildung 6.9
zu sehen. Gerade bei dieser speziellen Rollwagenbewegung ist eine hohe Übereinstimmung die
Prämisse für weitere Untersuchungen. Die Trajektorien des Rollwagens von Versuch und Simulation
stimmen für weitere Abgleichuntersuchungen zufriedenstellend überein. Die Simulationsergebnisse
stammen von einem Modell, das bereits die Geometrieinformation der Crashboxen aus der
Vermessung beinhaltet. Ansonsten umfasst das Modell nominale Werte für die Eingangsparameter.
Es sind noch eine leichte Abweichung in der maximalen Auslenkung der X - Komponente zu
beobachten, die u.a. auf mögliche Unterschiede im Deformationsverhalten zurückzuführen sind.
Auf die möglichen Ursachen dieser Abweichungen wird im Folgenden näher eingegangen. Die
Rollwagenkinematik wird mit dieser Gegenüberstellung der Trajektorien als abgeglichen betrachtet.

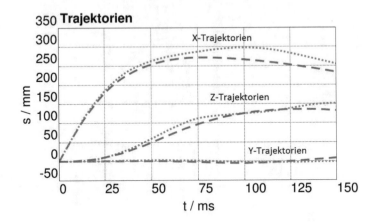

Abbildung 6.9: Abgleich der Rollwagenbewegungen zwischen Versuch und Simulation

6.3 Abgleichuntersuchungen

Nachdem das Deformationsverhalten der Karosseriestruktur bei zwei unterschiedlichen Aufprallenergien im Versuch analysiert worden ist, werden im Folgenden die entsprechenden Simulationsergebnisse unter verschiedenen Gesichtspunkten mit den Ergebnissen aus dem Versuch abgeglichen.
Zunächst wird die Übereinstimmungsgüte des Simulationsmodells mit dem validierten Submodell
aus den Längsträgersystemuntersuchungen für beide Lastfälle ermittelt. Im Anschluss wird der
Einfluss durch Blechdickenvariation untersucht. Ziel dieser Untersuchung ist es, die wesentlichen

Einflussfaktoren mit Blick auf die Abbildungsgüte von Crashsimulationen auf der Ebene eines Gesamtsystems wie der Rohkarosserie zu identifizieren.

6.3.1 Transfer des validierten Submodells

In diesem Abschnitt wird entsprechend der Validierungshierarchie die Übertragung des abgeglichenen Längsträgersystems auf das Modell des Gesamtsystems Rohkarosserie untersucht. Das Längsträgersystem ist somit als Subsystem der Rohkarosserie zu betrachten. Für die Blechdicken werden zunächst nominale Werte nach Zeichnungsangabe angenommen. Das *Modell nominal Geo* berücksichtigt dabei die Geometrieinformation der Crashboxen aus der Vermessung und das *Modell nominal CAD* beinhaltet die idealisierte CAD-Geometrien. Die Kraftverläufe des langsameren Lastfalls aus Abbildung 6.10 und des schnelleren Lastfalls aus 6.11 zeigen, dass die Berücksichtigung der vermessenen Crashboxgeometrie keinen signifikanten Einfluss auf die Kraftverläufe beider Lastfälle haben.

Im Falle des langsameren Versuchs beträgt die gemittelte Übereinstimmungsgüte des *Modells nominal Geo* bis zum Zeitpunkt 150 ms 70 %, wobei die Übereinstimmung für die rechte Seite mit 60 % als nicht zufriedenstellend zu bewerten ist. Für den schnelleren Lastfall beträgt sie 91 %. Es wird hierbei als Referenz nicht die gemittelte Kurve aller gültigen Versuche, sondern bei dem langsameren Lastfall der Versuch RK02 und bei dem schnelleren Lastfall der Versuch RK05 verwendet.

Wie Abbildung 6.6 auf Seite 112 zu entnehmen ist, ist die Energieabsorption in den Crashboxen aufgrund der ausgeprägteren Faltenbildung beim schnelleren Lastfall größer. Dieses Deformationsverhalten ist in dem Simulationsmodell ebenfalls zu beobachten, so dass die Deformationsmodi (Abbildung 6.11) und die dazu korrelierenden Kraftverläufe (Abbildung 6.11) bereits auf einem hohen Übereinstimmungsniveau liegen. Eine derart hohe Korrespondenz zwischen Versuch und Simulation ist mit diesem Modell bei dem langsameren Lastfall nicht zu sehen, denn in der Simulation ergeben sich mehr Falten in der Crashbox, als im Versuch zu beobachten sind. Im Vergleich zum Versuch wird in der Simulation mehr Energie in den Crashboxen absorbiert, so dass weniger Energie in die Längsträger eingeleitet wird. Die Faltenbildung in den Crashboxen und der Deformationsmodus in den Längsträgern sowie der Kraftverlauf (Abbildung 6.10) weichen daher vom Versuch ab. Die Kurvencharakteristik und die Anzahl der Kraftspitzen stimmen nicht mit den Versuchskurven überein. Im weiteren Verlauf dieser Arbeit werden im Rahmen von parametrischen Studien mögliche Ursachen für diese Abweichung untersucht. Ziel ist es, den Deformationsmodus des langsameren Lastfalls in der Simulation abzubilden. Die Parameterkonfiguration des Karosseriemodells soll für beide Lastfälle abgeglichen werden, um Rückschlüsse auf eine Gültigkeit im untersuchten Bereich ziehen zu können.

6.3.2 Parametrische Studien

Um den Einfluss der Blechdickenskalierung der Crashboxen und der Längsträger auf den Deformationsmodus dieser Bauteile zu untersuchen, werden diese zunächst einzeln variiert und anschließend günstige Parameterkombinationen zur Triggerung des im Versuch beobachteten Modus analysiert. Dabei bewegen sich die Variationen dieser Parameter in einer möglichen Fertigungstoleranz. Die Untersuchungen beziehen sich auf den langsameren Lastfall. Als Ausgabegröße dient der Übereinstimmunsgrad der Kraftverläufe aus Simulation und Versuch RK02. Weitere festigkeitsrelevante Materialparameter wie Fließkurvenskalierungen fließen hier nicht mit in die Untersuchung ein.

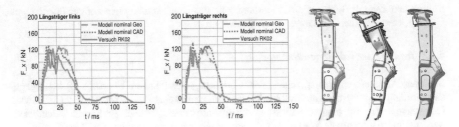

Abbildung 6.10: Kraftverläufe der Simulationen mit den validierten Submodellen für den Lastfall v = 7 m/s und Deformationsmodi der rechten Längsträger (Links: Modell nominal Geo, mitte: Vermessung des Versuchskörpers und rechts: Modell nominal CAD)

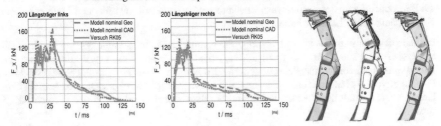

Abbildung 6.11: Kraftverläufe der Simulationen mit den validierten Submodellen für den Lastfall v = 8,6 m/s und Deformationsmodi der rechten Längsträger (Links: Modell nominal Geo, mitte: Vermessung des Versuchskörpers und rechts: Modell nominal CAD)

Parametrierung von Blechdicken der Längsträger

Im Rahmen dieser Parameterstudie werden die Dicken der Längsträgerbleche in zehn Rechnungen schrittweise um jeweils 1 Prozentpunkt vom nominalen Wert auf 90 % herunterskaliert. Die Blechdicken der Crashboxen und die restlichen Dicken der einzelnen Karosserieteile besitzen die nominalen Werte aus der Zeichnungsangabe. Ziel dieser Untersuchung ist es, das Systemverhalten bei Blechdickenvariation zu analysieren und den Verzweigungsbereich zu identifizieren, bei dem sich der Deformationsmodus ändert. Abbildung 6.13 zeigt die Übereinstimmungsgüte der Kraftverläufe aus Simulation und Versuch als Funktion der Blechdickenskalierung. Es ist ein nichtlinearer Zusammenhang zwischen dem Eingangsparameter *Blechdickenskalierungsfaktor* und der Systemantwort *Übereinstimmunsgüte mit dem Versuch* zu erkennen. Die Funktionswerte zwischen den berechneten Datenpunkten sind interpoliert.

Bei Betrachtung der Funktionswerte auf der x-Achse von rechts nach links im Bereich vom Nominalwert 1,0 bis 0,92, dann ist zunächst eine geringe Änderung der Übereinstimmungsgüte festzustellen. Der Grad der Übereinstimmung der Kraftverläufe variiert in diesem Bereich zwischen 70 % und 77 %. Anschließend ensteht zwischen den Skalierungsfaktoren 0,92 und 0,91 ein deutlicher Sprung in der Ausgabegröße bzw. Verbesserung der Übereinstimmungsgüte. Bei Reduzierung der Blechdicke um −1 % steigt die Übereinstimmung der Kraftverläufe auf 84 %. Bei einem Skalierungsfakor von 0,9 steigt diese noch leicht um 2 % auf 86 %.

Eine Erklärung für den sprunghaften Anstieg der Übereinstimmungsgüte zwischen den Skalierungsfaktoren 0,92 und 0,91 ist das Zusammenspiel zwischen den Steifigkeiten und Festigkeiten von Längsträger und Crashbox. Ein weicheres Verhalten der Längsträger wirkt sich auf das Deformationsverhalten der Crashbox aus. Konkret bedeutet dies, dass die Crashbox weniger Falten bildet, wenn der Längsträger weicher ausgelegt ist und umgekehrt (vgl. Ergebnisse aus Parameteruntersuchungen am Längsträgersystem aus Abschnitt 5.3.3.1). Dieses wenig ausgeprägte Faltverhalten der rechten Crashbox entspricht der im Versuch beobachteten Deformation des langsameren Lastfalls aus Abbildung 6.6 auf Seite 112. Dementsprechend stimmen die Kraftverläufe bei dem Modell mit einer Blechdickenskalierung mit dem Faktor 0,91 besser als mit eine höheren Skalierung überein (Abbildung 6.12). Diese Parameterstudie demonstriert den hohen Einfluss von Blechdicken der untersuchten Bauteile auf das Deformationsverhalten der Frontstruktur.

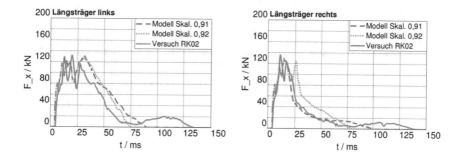

Abbildung 6.12: Kraftverläufe von zwei Berechnungen mit unterschiedlichen Parameterkonfigurationen der Längsträgerbleche im Vergleich zur Versuchskurve

Parametrierung von Blechdicken der Crashboxen

Nachdem der Einfluss Blechdickenskalierung der Längsträger auf die Abbildung des Deformationsmodus analysiert worden ist, stehen nun die Crashboxen im Fokus der Betrachtung. Die Skalierung erfolgt hier mit einer schrittweisen Erhöhung um jeweils 1 % vom Nominalwert in zehn Rechnungen. Aus Abbildung 6.14 geht ein gegenläufiger Trend hervor: Die Übereinstimmungsgüte steigt mit zunehmenden Blechdicken. Hierbei ist im Bereich der Skalierung von 1,0 bis 1,08 eine geringe Änderung der Übereinstimmung zwischen 67 % und 74 % zu erkennen. Zwischen einer Skalierung mit dem Faktor 1,08 und 1,09 ist ein Verzweigungsbereich zu erkennen, denn in diesem Bereich erfolgt eine Sprung der Systemantwort von 74 % auf 83 % Übereinstimmung mit der Versuchskurve. Ein steiferes Deformationsverhalten der Crashbox aufgrund höherer Blechdicken wirkt sich positiv auf die Übereinstimmungsgüte aus. Der Zusammenhang zwischen der dargestellten Funktion der Übereinstimmungsgüte und den Kraftverläufen bzw. den Deformationsmodi ist analog zu den beschriebenen Effekten bei der Skalierung der Längsträgereigenschaften und wird daher an dieser Stelle nicht noch einmal aufgeführt.

Parameterkombinationen

Die Verzweigungsbereiche bei der Blechdickenskalierung der Längsträger und Crashboxen sind damit identifiziert. Abschließend wird eine mögliche Parameterkombination untersucht, bei der eine hohe Übereinstimmungsgüte erreicht wird. Abbildung 6.15 zeigt die Übereinstimmungsgüte als Funktion (interpoliert) der Blechdickenskalierung von der Crashbox bei unterschiedlichen Skalierungsfaktoren für die Längsträgerbleche. Auch hier werden die Crashboxen in zehn Berech-

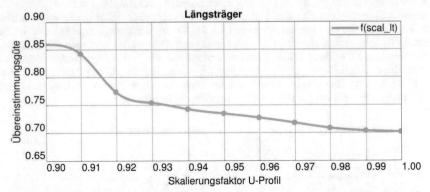

Abbildung 6.13: Übereinstimmungsgüte als Funktion der Blechdickenskalierung des Längsträgers

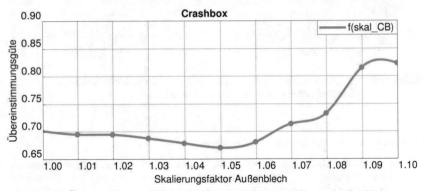

Abbildung 6.14: Übereinstimmungsgüte als Funktion der Blechdickenskalierung der Crashbox

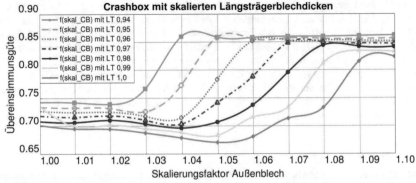

Abbildung 6.15: Übereinstimmungsgüte als Funktion der Blechdickenskalierung der Crashbox mit unterschiedlichen Skalierungsfaktoren für die Längsträgerbleche

nungsschritten um jeweils 1 % vom Nominalwert ausgehend erhöht. Hieraus geht eine Verschiebung des Verzweigungsbereiches für die einzelnen Funktionen hervor. Mit größeren Blechdicken der Längsträger verschiebt sich dieser Bereich nach rechts. Die Änderungen der Funktionswerte vor und nach dem Verzweigungsbereich sind marginal. Während der Sprung in der Systemantwort bei einem weicheren Längsträger (Funktion *(f(skal_CB) mit LT 0,94)* zwischen 1,03 und 1,04 liegt, bewegt sich diese bei einem steiferen Längsträger (Funktion *(f(skal_CB) mit LT 1,0)* zwischen 1,07 und 1,09. Die Grafik zeigt verschiedene Parameterkombinationen mit hohen Übereinstimmungsgraden, die um den Wert 85 % liegen. Eine mögliche Parameterkombination zeigt die Funktion *f(skal_CB) mit LT 0,98* bei dem Funktionswert ca. 85 %. Das bedeutet, dass bei einem Skalierungsfaktor von 0,98 für die Längsträgerbleche und von 1,08 für die Crashboxbleche ein hoher Übereinstimmungsgrad erreicht wird. Diese Variante stellt somit *eine* mögliche Kombination dar, die das Ergebnis des Versuch RK02 in hoher Güte abbildet. Im weiteren Velauf wird geprüft, ob das Modell mit dieser Parameterkombination auch den schnelleren Versuchslastfall abbildet.

6.4 Prognosegüte von Karosserieberechnungen bei Crashlastfällen

Um Aussagen über die Prognosegüte von Karosserieberechnungen unter den in dieser Arbeit untersuchten Lastfällen zu machen, wird das Simulationsmodell mit der Parameterkombination für die Blechdicken aus Kapitel 6.3.2 und der vermessenen Geometrie der Crashboxen – im Folgenden modifiziertes Modell genannt – mit dem nominalen Simulationsmodell, das eine idealisierte CAD Geometrie und die Eingangsgrößen aus der Zeichnungsangabe berücksichtigt, für den langsameren und anschließend für den schnelleren Lastfall abgeglichen. Nach dem Vergleich der Kraftkurven und Deformationsbilder erfolgt eine Bewertung der Prognosegüte für die untersuchten Strukturen.

6.4.1 Vergleich von nominalem und modifiziertem Simulationsmodell

Bei Betrachtung der deformierten Frontstrukturen aus Abbildung 6.16, die aus den Simulationsergebnissen des modifizierten und des nominalen Modells resultieren, ist festzustellen, dass das Faltenbild der rechten Crashbox und der Knickmodus des rechten Längsträgers mit dem modifizierten Modell in signifikant verbesserter Abbildungsgenauigkeit dargestellt werden kann. Die im Rahmen dieser Arbeit entwickelte Methodik, die deformierten Geometrien mehrerer Simulationsmodelle anhand eines Abstandsmaßes mit dem Versuch zu vergleichen (vgl. Kapitel 5.4), wird auch hier angewendet. Allerdings liegen die Vermessungsdaten der deformierten Frontstrukturen aus den Versuchen im Gegensatz zu den Längsträgersystemen im eingebauten Zustand vor, so dass keine Notwendigkeit besteht, Rückfederungseffekte aufgrund einer Demontage zu berechnen. Das bedeutet, dass die deformierten Frontstrukturen aus dem Versuch und den verschiedenen Simulationen direkt hinsichtlich der Geometrieabweichung miteinander verglichen werden können.

Die mittlere geometrische Abweichung[4] zwischen Simulation und Versuch der Frontstrukturen beträgt bei dem modifizierten Modell 15 mm und bei dem nominalen Modell 23 mm. Der maximale Abstand kann von 105 auf 73 mm reduziert werden. Diese Verbesserung der Deformationsabbildung beruht hauptsächlich auf dem verbesserten Deformationsmodus der rechten Seite der Frontstruktur infolge eines steiferen Verhaltens der rechten Crashbox. Der mittlere Teil der Abbildung 6.16 auf Seite 122 zeigt bei dem modifizierten Modell eine dem Versuch deutlich ähnlichere Faltenbildung der Crashbox. Im Versuch tritt auf der rechten Seite nur eine Falte im vorderen Bereich der Crashbox auf, und auf der linken Seite entstehen zwei Falten in der Crashbox. Die geometrischen

---

[4]Angaben sind auf die Einheit mm gerundet

Abweichungen der Frontstrukturen nach dem Crashvorgang im Vergleich zu dem Versuch sind in Abbildung 6.16 auf Seite 122 unten als Konturdarstellungen veranschaulicht. Hierbei wird deutlich, dass die größten Abweichungen beider Modelle im Bereich der Knickstelle der Längsträger liegen, wobei die Größenordnung bei dem nominalen Modell deutlich höher als bei dem modifizierten Modell ist. Aufgrund des fehlenden Längsträgerknicks ist die Auslenkung in Z-Richtung bei dem nominalen Modell nicht vorhanden. Daher entstehen die Abweichungen von über 50 mm im Bereich der Längsträger, die mit dem modifizierten Modell signifikant reduziert werden.

Tabelle 6.2: Geometrische Abstandsmaße und Übereinstimmungsgüte der Kraftverläufe des nominalen und modifizierten Simulationsmodells für die untersuchten Lastfälle

Lastfall	Simultionsvariante	Geometrische Abweichung y / mm		Übereinstimmung der Kraftverläufe / %		
		$\overline{y}$	y_{max}	links	rechts	$\overline{x}$
langsamerer Lastfall v = 7 m/s	nominal	23	105	85	66	76
	modifiziert	15	73	86	93	90
schnellerer Lastfall v = 8,6 m/s	nominal	16	60	91	96	94
	modifiziert	14	59	91	96	94

Auch der Vergleich der Kraftverläufe zeigt eine deutliche Verbesserung der Übereinstimmung des Kraftverlaufs rechts mit der Versuchskurve gegenüber dem nominalen Ausgangsmodell. Dieses Modell bildet eine im Versuch nicht beobachtete dritte Kraftspitze ab. Bei den anderen beiden Versuchen dieser Reihe mit der Bezeichnung RK01 und RK03 entsteht zwar eine dritte Kraftspitze im Kraftverlauf des rechten Längsträgers, allerdings sind bei ihnen im linken Kraftverlauf nur zwei Kraftspitzen festzustellen. Die Übereinstimmungsgüte wird insgesamt von 76 % auf 90 % gesteigert. Diese Verbesserung basiert im Wesentlichen auf einer Steigerung der Übereinstimmung von 66 % auf 93 % im rechten Längsträger. Der Kurvenverlauf des linken Längsträgers wird bei beiden Modellen mit ca. 85 % Übereinstimmungsgüte abgebildet (vgl. Tabelle 6.2 und die Kraftverläufe aus Abbildung 6.16 oben).

6.4.2 Transfer des Karosseriemodells auf den schnelleren Lastfall

Wie am Anfang dieses Kapitels beschrieben, ist im Gegensatz zu dem langsameren Lastfall die Abbildungsgüte des realen Crashs mit dem Karosseriemodell, in dem das validierte Submodell Längsträgersystem integriert ist, bereits auf einem hohem Niveau. Hier folgt der Vergleich des modifizierten Modells, das für den langsameren Lastfall abgeglichen ist, mit dem nominalen Modell bezogen auf den schnelleren Lastfall $v = 8,6\,m/s$. Die charakteristischen Größen zur Bewertung der Übereinstimmungsgüte beider Simulationsmodelle sind auch für diesen Lastfall in Tabelle 6.2 zusammengefasst. Es wird zunächst auf die Übereinstimmung der Kraftverläufe eingegangen. Hierbei zeigt sich ein bereits hohes Niveau von 94 % des nominalen Modells, was mit dem modifizierten Modell beibehalten wird. Die genauen Verläufe der Kraftkurven können dem oberen Teil der Abbildung 6.17 auf Seite 123 entnommen werden. Die Lastniveaus der Kraftspitzen werden leicht überschätzt, jedoch stimmen die Kurveneigenschaften, wie beispielsweise die Form oder die Zeitpunkte der Kraftspitzen und des vollständigen Kraftabfalls, in hohem Maße mit den Eigenschaften der Kraftkurve aus dem Versuch RK05 überein.

Bei Betrachtung der Deformationsmodi der beiden Modelle und des Versuchs, die im mittleren Abschnitt der Abbildung 6.2 dargestellt sind, lässt sich feststellen, dass der im Versuch beobachtete Faltmodus der Crashboxen mit beiden Simulationsmodellen zufriedenstellend abgebildet werden kann. Auch der leichte Knick im linken sowie der ausgeprägtere Knick im rechten Längsträger werden gut abgebildet. Diese hohe Korrespondenz der Deformationen beider Modelle mit dem Versuch wird mit Hilfe des geometrischen Abstandsmaßes demonstriert. Die lokalen Geometrieabweichungen der deformierten Frontstrukturen aus der Berechnung und dem Versuch sind in Tabelle 6.2 im unteren Teil als Konturdarstellung veranschaulicht. Die mittlere geometrische Abweichung kann von 16 auf 14 mm verbessert werden, was für derart große Verschiebungen während des Crashvorgangs, wie sie in Kapitel 6.2.3 gezeigt werden, als gering zu bewerten ist. Die maximale Geometrieabweichungen sind bei beiden Modellen mit ca. 60 mm in einer ähnlicher Größenordnung. Diese treten im Bereich des rechten Längsträgerknicks auf und resultieren vor allem aus Abweichungen in Z-Richtung.

6.4.3 Prognosegüte von Karosserieberechnungen

Auf der Grundlage der Untersuchungsergebnisse, die aus dem Abgleich in Bezug auf das Gesamtsystem Rohkarosserie gewonnen werden konnten, lässt sich zusammenfassen, dass bei einer feinen Diskretisierung der Geometrie bereits mit dem nominalen Simulationsmodell gute Ergebnisse hinsichtlich der Übereinstimmung mit dem im Versuch beobachteten Verhalten zu erzielen sind. Der Deformationsmodus des langsameren Lastfalls kann mit dem nominalen Modell nicht in einer vergleichbaren Genauigkeit abgebildet werden wie der schnellere Lastfall. Das bedeutet, dass mit dem nominalen Modell die Abbildungsgüte von dem Lastfall bzw. von dem Deformationsmodus bei diesen speziellen Abgleichversuchen abhängt. Hingegen können mit dem im Rahmen der Karosserieuntersuchungen entwickelten modifizierten Simulationsmodell beide Lastfälle in hoher Güte abgebildet werden. Daraus lässt sich eine Abbildungsgüte des modifizierten Modells von ca. 90 % für Crashlastfälle von Rohkarosserien unter gleichen und ähnlichen Randbedingungen ableiten. Unter Randbedingungen sind hierbei vor allem der Aufprallwinkel und die Aufprallenergien zu verstehen. Die Prognosegüte bezieht sich auf die Berechnung der Kraft-Zeit-Verläufe, jedoch können auch das Deformationsverhalten sowie die Rollwagenkinematik nachweislich in hoher Güte dargestellt werden. Die Versuchsreihen untereinander haben Abweichungen im Faltverhalten der Crashboxen und daraus resultierende Unterschiede in den Kraftkurven deutlich gemacht. Aufgrund der hier durchgeführten Untersuchungen ist sichergestellt, dass mit dem erarbeiteten Modell beide Versuche (RK02 und RK05) in der Simulation abgebildet werden können. Eine Prognosegüte von mehr als 90 %, die aus den Abgleichuntersuchungen an dem Komponentensystem ermittelt wurde, kann hiermit verifiziert werden. Voraussetzung für diese hohe Prognosegüte ist das Wissen über die tatsächlichen Blechdicken. Die Prognose ist - zumindest für den langsameren Lastfall - ohne Blechdickenanpassung schlechter.

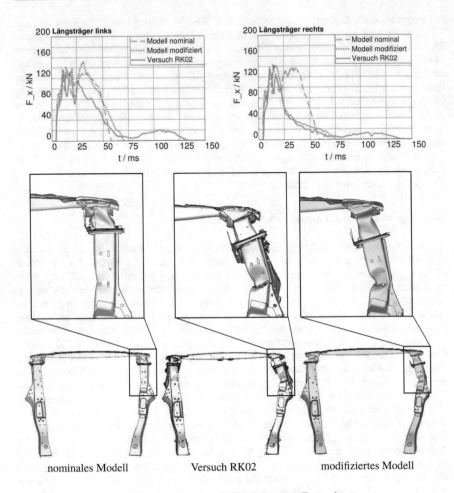

nominales Modell   Versuch RK02   modifiziertes Modell

Geometrieabweichung im deformierten Zustand

in mm

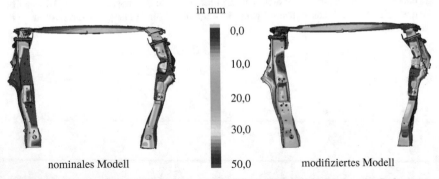

nominales Modell   modifiziertes Modell

Abbildung 6.16: Langsamerer Lastfall v = 7 m/s. Oben: Vergleich der Kraftverläufe, mitte: Deformations-modi und unten: Geometrieabweichungen nach dem Versuch

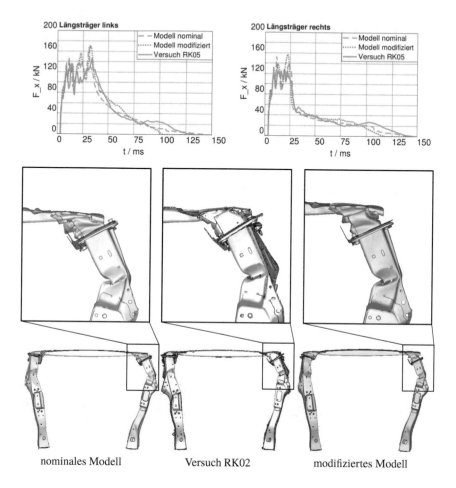

nominales Modell Versuch RK02 modifiziertes Modell

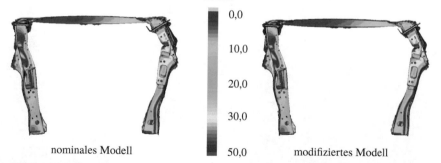

Geometrieabweichung im deformierten Zustand
in mm

nominales Modell modifiziertes Modell

Abbildung 6.17: Schnellerer Lastfall v = 8,6 m/s. Oben: Vergleich der Kraftverläufe, mitte: Deformationsmodi und unten: Geometrieabweichungen nach dem Versuch

7 Zusammenfassung und Ausblick

Um die Vorteile des Einsatzes von FEM-Simulationen – dazu zählt etwa eine schnelle und kostengünstige Entwicklung – nutzen zu können, muss das Simulationsmodell ein hohes Maß an Verlässlichkeit aufweisen und den mit ihm generierten Ergebnisse eine große Glaubwürdigkeit zukommen. Entsprechend hat sich die vorliegende Arbeit mit der Untersuchung von Möglichkeiten befasst, neben einer feineren Diskretisierung die Abbildungsgüte von Crashberechnungen zu erhöhen. Voraussetzung für dieses Vorhaben ist zunächst die Ermittlung der Abbildungsgüte von Stahlstrukturen unter verschiedenen Crashbelastungen mit nominalen Simulationsmodellen.

Bei einem Crashlastfall wie beispielsweise einem Frontcrash wird die eingeleitete Energie neben der Karosseriestruktur auch von umliegenden Komponenten wie Getriebe und Motor sowie von Anbauteilen wie der Kunststoffverkleidung aufgenommen. Daher ist es schwierig, Aussagen über die Abbildungsgüte der reinen Rohkarosserie in der Simulation zu machen. Diese Situation war der Ausgangspunkt für die experimentellen und numerischen Untersuchungen an Stahlstrukturen, die in der vorliegenden Arbeit detailliert dargelegt wurden. Es wurden spezielle Versuche auf unterschiedlichen Komplexitätsebenen durchgeführt, um sie mit den entsprechenden Simulationen abgleichen zu können. Ziel war es, die Abbildungsgüte der reinen Stahlstrukturen zu ermitteln. Im Rahmen der Studien wurden die wesentlichen Informationen aus der Bauteilcharakterisierung zur Steigerung der Ergebnisqualität erforscht. Mit diesen speziellen Abgleichversuchen konnte die Voraussetzung für weiterführende Untersuchungen zur Verbesserung der Abbildungsgüte von fahrzeugnahen Karosseriestrukturen geschaffen werden.

Zur Bewertung der Abbildungsgüte der Crashberechnungen wurden Vergleiche von Kraftverläufen und Deformationsmodi herangezogen. Neben der etablierten Bewertungsmethode CORA für den Vergleich der Kraftverläufe wurde darüber hinaus eine Methode zur Bewertung der Deformationsmodi entwickelt. Mit Hilfe dieses geometrischen Abstandsmaßes war es möglich, die Enddeformationen von Versuch und Simulation miteinander zu vergleichen und zu bewerten.

Zunächst stellte sich bei den Untersuchungen heraus, dass die Simulationsmodelle mit nominalen Eingangsgrößen und der idealisierten Geometrie bei einer feinen Diskretisierung mit 2-mm-Schalenelementen auf allen drei Komplexitätsebenen die entsprechenden Versuchsergebnisse bereits auf einem hohen Übereinstimmungsniveau abbilden. Daher wurde nach Möglichkeiten gesucht, diese bereits gute Korrespondenz noch weiter zu steigern.

Die Abgleichuntersuchungen haben gezeigt, dass auf den drei unterschiedlichen Komplexitätsebenen die untersuchten Informationen aus Messungen wie Trajektorien, Bauteilgeometrie, Blechdicken und Materialeigenschaften für eine Verbesserung der Übereinstimmungsgüte mit dem Versuch von unterschiedlicher Bedeutung sind. Während sich die aus der Vermessung gewonnene Geometrieinformation auf Bauteilebene bei der Crashbox als die wesentliche Einflussgröße für die Abbildungsgüte herausstellte, ist ihr Einfluss auf der Komponentenebene bei den Längsträgern nicht signifikant.

Grundsätzlich lässt sich aus den Untersuchungen ableiten, dass der hier angewendete FE-Code PAM-CRASH in der Lage ist, die Genauigkeit der Simulationsergebnisse durch Berücksichtigung der Bauteilcharakterisierung zu steigern. Auf der Komponentenebene ist der Verbesserungseffekt zwar

© Springer Fachmedien Wiesbaden GmbH, ein Teil von Springer Nature 2019
P. Wellkamp, *Prognosegüte von Crashberechnungen*, AutoUni – Schriftenreihe 133,
https://doi.org/10.1007/978-3-658-24151-3_7

nicht signifikant, jedoch wird die Abbildungsgüte auch nicht schlechter. Bei dem Untersuchungsgegenstand Crashbox wurden die genannten Informationen der Bauteil- und Materialcharakterisierung mit einer entsprechenden Messtechnik ermittelt. Auf Komponenten- und Längsträgerebene war dies im Rahmen der vorliegenden Dissertation nicht für alle Einzelteile möglich. Wenn nicht ausreichend Informationen über die untersuchte Struktur vorlagen, wurden die Modellparameter wie Blechdicken und Materialeigenschaften innerhalb einer möglichen zulässigen Fertigungstoleranz variiert, um ihren Einfluss auf die Simulationsergebnisse zu identifizieren. Hierbei zeigte sich, dass sich mit den modifizierten Simulationsmodellen die Übereinstimmungsgüte sowohl in Bezug auf die Kraftverläufe als auch für die Deformationsmodi noch leicht steigern lässt.

Diese Untersuchungsergebnisse belegen die große Bedeutung der Ungewissheitsbetrachtung auch für die virtuelle Karosserieauslegung. Zu Beginn eines Entwicklungsprojekts sind häufig noch keine physischen Bauteile vorhanden oder der zeitliche Aufwand für die Bauteilcharakterisierung ist zu hoch, so dass in wichtigen Auslegungsphasen keine Informationen aus Bauteilvermessungen zur Reduzierung der Ungewissheit vorliegen. In diesen Fällen erscheint eine systematische Variation von Modellparametern der Karosserie innerhalb einer realistischen zulässigen Fertigungstoleranz als sinnvoll, um die Bandbreite des möglichen Systemverhaltens, das in der Realität auftreten kann, zu ermitteln. Denn die Versuche haben gezeigt, dass – trotz Auslegung auf Reproduzierbarkeit – Streuungen auftreten. Mit Hilfe einer Modellparametrierung lassen sich eine mögliche Sensitivität im Systemverhalten und der Einfluss einzelner sowie von Kombinationen verschiedener Parameter identifizieren. Die Parametrierung des Simulationsmodells sollte dabei sowohl geometrische Eigenschaften als auch Materialeigenschaften sowie die Randbedingungen berücksichtigen.

Bei den Studien stellte sich die Übereinstimmung der Rollwagenkinematik auf Komponenten- und Gesamtsystemebene als wichtige Voraussetzung für die weiterführenden detaillierten Abgleichsuntersuchungen heraus. Erst nach Sicherstellung einer hohen Übereinstimmung der Kinematik konnte auf weitere Einflussfaktoren zur Erhöhung der Ergebnisqualität eingegangen werden. Des Weiteren zeigte sich, dass die angewendete Methodik zum Abgleich von Simulationsmodellen entlang der Validierungshierarchie erfolgreich war. Das bedeutet, dass die Validierung eines bereits validierten Modells als Submodell eines Modells höherer Komplexität in hoher Güte möglich ist. Dies hat sich sowohl auf Komponenten- als auch auf Gesamtsystemebene entsprechend gezeigt. Diese Herangehensweise kann grundsätzlich auch auf andere Strukturformen sowie auf andere Werkstoffe übertragen werden.

Um die Prognosegüte von Crashberechnungen der Karosseriestrukturen aus Stahl zu bewerten, ist es notwendig, zwischen den einzelnen Komplexitätsebenen zu differenzieren. Auf Bauteilebene bewegt sich der Übereinstimmungsgrad der Kraftverläufe zwischen 80 und 90 % für das nominale Modell, während er für das modifizierte Modell mit Bauteilcharakterisierung bei ca. 94 % liegt. In diesem Zusammenhang muss die Relation bzw. die Wirtschaftlichkeit zwischen dem verhältnismäßig hohen Aufwand zur Ermittlung der Bauteilcharakterisierung und der recht geringen Steigerung der Prognosegüte auf ohnehin bereits hohem Niveau berücksichtigt werden. Auf Komponentenebene wird sowohl mit dem nominalen als auch mit dem modifizierten Modell eine hinreichend gute Übereinstimmung mit den drei untersuchten Versuchsvarianten erreicht. Auf Gesamtsystemebene ist eine Übereinstimmungsgüte der Kraftverläufe beider Modelle von mehr als 90 % für den schnelleren Lastfall zu prognostizieren. Für den langsameren Lastfall wird dieses Niveau mit dem nominalen Modell nicht erreicht. Die Berechnungsprognosen gelten für hochaufgelöste Simulationsmodelle hinsichtlich ihrer Vernetzungsfeinheit. Daraus lässt sich die Tendenz ableiten, dass bei komplexeren Strukturen die Informationen aus Vermessungen des Bauteils und den Versuchsrandbedingungen nicht in dem Maße signifikant sind wie bei kleineren Strukturen. Die Untersuchungen an der Karosserie beim langsameren Lastfall haben allerdings auch gezeigt, dass in einem aus Versuchssicht sensitiven Bereich der Einfluss von steifigkeits- und festigkeitsrelevanten Parametern wie den Blechdicken signifikant sein kann. Hier gilt es, weitere Untersuchungen an Karosserien unter anderen Aufprallwinkeln und mit anderen Aufprallgeschwindigkeiten durchzuführen, um die dargelegten Rückschlüsse zu verifizieren. Es wurden zudem zwar verschiedene Lastfälle auf jeder der drei Komplexitätsebenen untersucht, um Lastfallabhängigkeiten auszuschließen und sicherzustellen, dass die Simulationsmodelle innerhalb eines gewissen Spektrums von Betriebslasten gültig sind. Allerdings müssen weitere Lastfälle bzw. Versuchsvarianten mit den entsprechenden Simulationen abgeglichen werden, um allgemeingültige Aussagen über die Prognosegüte treffen zu können.

Was die Karosserieversuche betrifft, ist zu erwähnen, dass diese Spezialversuche sowohl in ihrer Kinematik während des Deformationsvorgangs als auch in ihrer geometrischen Komplexität noch weit von einem Gesamtfahrzeugcrash entfernt sind. Daher sind Aussagen über die genaue Prognosegüte eines Gesamtfahrzeugcrashs auf der Basis der hier dargelegten Untersuchungen nicht möglich. Dazu sind weitere Untersuchungen mit Karosserien auf höheren Komplexitätsebenen entlang der Validierungshierarchie erforderlich. Das bedeutet, dass neben dem Deformationsverhalten der Stahlstruktur auch das Verhalten angebundener Kunststoffkomponenten in die Untersuchungen mit einfließen müssen. Des Weiteren ist es notwendig, ein breiteres Spektrum an Lastfällen abzugleichen, um belastbare Aussagen über die Prognosegüte von Crashberechnungen bezogen auf ein Gesamtfahrzeug zu machen. Mit Blick auf weitere Geometrieuntersuchungen stellt sich die Frage, welchen Einfluss die Geometrieinformation aus der Vermessung weiterer Bauteile, die im Lastpfad und im deformierbaren Bereich liegen, auf die Abbildungsgüte von Crashberechnungen haben.

Literaturverzeichnis

Abedrabbo, N., Mayer, R., Thompson, A., Salisbury, C., Worswick, M. und van Riemsdijk, I. Crash response of advanced high-strength steel tubes: Experiment and model. *International Journal of Impact Engineering*, 36(8):1044–1057, 2009.

Abramowicz, W. und Jones, N. Dynamic axial crushing of square tubes. *International Journal of Impact Engineering*, 2(2):179–208, 1984.

Abramowicz, W. und Jones, N. Dynamic progressive buckling of circular and square tubes. *International Journal of Impact Engeneering*, pages 243–270, 1986.

Abramowicz, W. und Wierzbicki, T. On the crushing mechanics of thin-walled structures. *Journal of Applied Mechanics*, 50:724–734, 1983.

AIAA. Guide for the verification and validation of computational fluid dynamics simulations (AIAA G-077-1998(2002)). 1998.

Alexander, J. M. An approximate analysis of the collapse of thin cylindrical shells under axial loading. *QJ Mech Appl Math*, 50:724–34, 1960.

Aljawi, A. A. N., Abd-Rahou, M. und Asiri, S. Finite element and experimental analysis of square tubes under dynamic axial crushing. In *European Congress on Computational Methods in Applied Sciences and Engineering*, 2004.

Altenbach, H. *Kontinuumsmechanik - Einführung in die materialunabhängigen und materialabhängigen Gleichungen.* Springer Vieweg, Berlin-Heidelberg, 2012.

Alvin, K. F., Oberkampf, W. L., Diegert, K. V. und Rutherford, B. M. Uncertainty Quantification in computational structural dynamics: A new paradigm for model validation. Technical report, Sandia National Laboratories, Albuquerque, USA, 1996.

Belytschko, T. und Tsay, C. A stabilization procedure for the quadrilateral plate element with one-point quadrature. *International Journal for Numerical Methodes in Engineering*, 19:pp. 405–419, 1983.

Betten, J. *Kontinuumsmechanik.* Springer-Verlag, Berlin-Heidelberg, 2001.

Böhme, W., Luke, M., Blauel, J. G., Sun, D.-Z., Rohr, I., Harwick, W. und Liebertz, H. Dynamische Werkstoffkennwerte für die Crashsimulation. Technical report, FAT-Richtlinie, 2007. Fraunhofer IWM und EMI im Rahmen von crashMAT.

Bleck, W. *Werkstoffkunde Stahl.* Verlag-Mainz, Aachen, 2004.

Bleck, W., Kaluza, W. und Ohlert, J. *Advanced Hot Rolling Practice and Products for the Production of Hot Rolled Strips*, Kapitel Optimization of Microstrutures in Multiphase Steels Containing Retained Austenite. Düsseldorf, 2000.

Bonet, J. und Wood, R. *Nonlinear Continuum Mechanics for Finite Element Analysis.* Cambridge University Press, Cambridge, UK, 2008.

© Springer Fachmedien Wiesbaden GmbH, ein Teil von Springer Nature 2019
P. Wellkamp, *Prognosegüte von Crashberechnungen*, AutoUni – Schriftenreihe 133,
https://doi.org/10.1007/978-3-658-24151-3

Booker, J. M. An engineering perspective on UQ for validation, reliability and certification. In *Foundations '04 Workshop for Verification, Validation and Accreditation (VV&A) in the 21st Century*, number LA-UR-04-6670, Arizona State University, Tempe, USA, 2004.

Chen, D. *Crush Mechanics of Thin-Walled Tubes*. CRC Press Taylor & Francis Group, Boca Raton, USA, 2016.

Chen, W. F. und Han, D. J. *Plasticity for Structural Engineers*. Springer-Verlag, New York, 1988.

Cheng, Q., Altenhof, W. und Li, L. Experimental investigations on the crush behaviour of AA6061-T6 aluminum square tubes with different types of through-hole discontinuities. *Thin-Walled Structures*, 44(4):441–454, 2006.

Cho, Y.-B., Bae, C.-H., Suh, M.-W. und Sin, H.-C. A vehicle front frame crash design optimization using hole-type and dent-type crush initiator. *Thin-Walled Structures*, (44):415–428, 2006.

Courant, R., Friedrichs, K. und Lewy, H. Über die partiellen Differenzengleichungen der mathematischen Physik. *Mathematische Annalen*, (100):32–74, 1928.

DiPaolo, B. und Tom, J. A study on an axial crush configuration response of thin-wall, steel box components: The quasi-static experiments. *International Journal of Solids and Structures*, 43 (25–26):7752–7775, 2006.

Du Bois, P. und Clifford, G., editors. *Top Trends in Simulation Practices*, 2015.

Eichmueller, G. und Meywerk, M. Stochastische Simulation - Versuchsabgleich der Deformation eines Vierkantrohrs. *NAFEMS Magazin*, 2012a.

Eichmueller, G. und Meywerk, M. Modellabgleich, Validierung und Parameterungewissheit im Crash – Eine Prinzipuntersuchung am Boxbeam mit VPS. In *ESI DACH Anwender Forum*, Bamberg, 2012b.

ESI. *Virtual Performance Solution - Solver Reference Manual*, 2016.

Fan, Z., Lu, G. und Liu, K. Quasi-static axial compression of thin-walled tubes with different cross-sectional shapes. *Engineering Structures*, 55:80–89, 2013. Analysis and Design of Protective Structures.

Feucht, M. Needs and trends of crash simulations in the next 10 years. Technical report, 2010.

Frey, H. und Rhodes, D. S. Theory methodology based upon bootstrap simulation. *Quantitative Analysis of Variability and Uncertainty in Environmental Data and Models*, (Theory Methodology Based Upon Bootstrap Simulation), 1999.

Fyllingen, O., Hopperstad, O. und Langseth, M. Simulation of top-hat section subjected to axial crushing taking into account material and geometry variations. *International Journal of Solids and Structures*, pages pp. 6205–6219, 2008a.

Fyllingen, O., Hopperstad, O. und Langseth, M. Robustness study on the behaviour of top-hat thin-walled high-strength steel sections subjected to axial crushing. *International Journal of Impact Engineering*, 2008b.

Gehre, C. und Stahlschmidt, S. Assessment of dummy models by using objective rating methods. In *22nd ESV (Paper 11-0216)*, Washington D.C., USA, 2011.

Gehre, C., Gades, H. und Wernicke, P. Objective rating of signals using test and simulation responses. In *21st ESV (Paper 09-0407)*, Stuttgart, 2009.

Gehre, C., Stahlschmidt, S. und Walz, M. Objective evaluation of the quality of the FAT ES-2 dummy model. In *8th European LS-DYNA Users Conference*, Straßburg, Frankreich, 2011.

Gonter, M., Schwarz, T., Seiffert, U. und Zobel, R. *Fahrzeugsicherheit aus: Kraftfahrzeugtechnik*. Vieweg, Wiesbaden, 2005.

Gottschalk-Mazouz, N. Wissen, Ungewissheit und Abduktion. 2003.

Grüne-Yanoff, T. und Weirich, P. The philosophy and epistemology of simulation: A review. *Simulation and Gaming*, 41:20–50, 2010.

Gupta, N. und Gupta, S. Effect of annealing, size and cut-out on axial collapse behavior of circular tubes. *International Journal of Mechanical Science*, 35:597–613, 1993.

Hanson, M. H. und Hemez, F. M. Uncertainty Quantification of simulation codes based on experimental data. In *41th AIAA Aerospace Sciences*, number AIAA 2003-630, 2003.

Hartmann, S. The world as a process: Simulation in the natural and social sciences. *Modelling and simulation in the social sciences from the philosophy of sciences point of view*, 2:77–100, 1991.

Haug, E., Scharnhorst, T. und Du Bois, P. Berechnung eines Fahrzeugaufpralls. *VDI Berichte 613*, pages 479–505, 1986.

Haupt, P. *Continuum Mechanics and Theory of Materials*. Springer-Verlag, Berlin-Heidelberg, 2002. 2. Auflage.

Hübler, R. Unterstützung bei der Auslegung von Airbagsystemen durch FEM-Berechnungen. *Berichte aus dem Institut für Elektrische Meßtechnik und Grundlagen der Elektrotechnik*, 2001. J.U. Varchmin (Hrsg).

Hemez, F. M. The myth of science-based predictive modeling. In *Foundations '04 Workshop for Verification, Validation and Accreditaion (VV&A) in the 21st Century*, Arizona State University, USA, 2004.

Hemez, F. M., Booker, J. M. und Langenbrunner, J. Answering the question of sufficiency: How much uncertainty is enough? In *1st International Conference on Uncertainty in Structural Dynamics*, number LA-UR-07-3575, University of Sheffield, UK, 2007.

Hiermaier, S. *Numerik und Werkstoffdynamik der Crash- und Impaktvorgänge*. Fraunhofer Institut für Kurzzeitdynamik, Freiburg, 2003.

Hill, R. On discontinuous plastic states, with special reference to localized necking in thin sheets. *J. Mech. Phys. Solids*, 1:19–30, 1952.

Huh, H. und Kang, W. Crash-worthiness assessment of thin-walled structures with the high-strentgh steel sheet. *International Journal of Vehicle Design*, 30:2–21, 2002.

Humphreys, P. Computer simulations. *Philosophy of Science association*, 2:497–506, 1991.

Jones, N. Material properties for structural impact problems. *Advances in Materials and their Applications*, pages 151 –163, 1993.

Jung, M. und Langer, U. *Methode der finiten Elemente für Ingenieure*. Springer Vieweg, 2013.

Kaluza, W. M. *Modellierung der mechanischen Eigenschaften und der lokalen Dehnungen von Dualphasenstählen*. Shaker Verlag, Aachen, 2003.

Karagiozova, D. und Alves, M. Transition from progressive buckling to global bending of circular shells under axial impact—part i: Experimental and numerical observations. *International Journal of Solids and Structures*, 41(5-6):1565–1580, 2004.

Karagiozova, D. und Jones, N. Dynamic buckling of elastic–plastic square tubes under axial impact—i: stress wave propagation phenomenon. *International Journal of Impact Engineering*, 30(2):143–166, 2004a.

Karagiozova, D. und Jones, N. Dynamic buckling of elastic–plastic square tubes under axial impact—ii: structural response. *International Journal of Impact Engineering*, 30(2):167–192, 2004b.

KBA.   KBA. n.d. Anzahl der gemeldeten Pkw in Deutschland in den Jahren 1960 bis 2016 (Bestand in 1.000). Statista. Zugriff am 5. Juli 2016. Verfügbar unter http://de.statista.com/statistik/daten/studie/12131/umfrage/pkw-bestand-in-deutschland/. . 2016.

Klein, B. *Grundlagen und Anwendungen der Finite-Element-Methode im Maschinen und Fahrzeugbau*, Band 10. Springer Vieweg, Berlin-Heidelberg, 2010.

Kleindorfer, G. B., O'Neill, L. und Gaeneshan, R. Validation in simulation: Various positions in the philosophy of science. *Management Science*, 44:1087–1099, 1998.

Köller, P., Rehfeld, N. und Gerhard, A. Automatische Auswertung der Filmbildsequenzen von Crashversuchen unter Einsatz der digitalen Bildverarbeitung. *Proceedings of MessComp 1993: Messen und Verarbeiten elektrischer und nichtelektrischer Größen*, pages 85–91, 1993.

Kokkula, S. *Bumper beam-longitudinal system subjected to offset impact loading – An experimental and numerical study*. Dissertation, Norwegian University of Science and Technology, 2005.

Kokkula, S., Langseth, M., Hopperstad, O. und Lademo, O. Behaviour of an automotive bumper beam-longitudinal system at 40offset impact: an experimental and numerical study. *Latin American Journal of Solids and Structures*, pages pp. 59–73, 2006.

Kramer, F. *Passive Sicherheit von Kraftfahrzeugen*. Vieweg, Wiesbaden, 2006.

Kramer, O. und Ting, C.-K. Self-adaptive evolutionary algorithms. Technical report, Universität Paderborn, 2004.

Kröger, M. *Methodische Auslegung und Erprobung von Fahrzeug-Crashstrukturen*. Dissertation, Universität Hannover, 2002.

Krige, D. A statistical approach to some mine valuations and allied problems at the witwatersrand. Master's thesis, University of Witwatersrand, 1951.

Lanzerath, H., Schilling, R. und Ghouati, O. Crashsimulation von Umformdaten. In *CADFEM User's Meeting*, 2000.

Larrayoz, X. New modeling of structural adhesives for crash simulation using cohesive models in VPS. In *ESI DACH Forum*, Bamberg, 2015.

Luhmann, T. *Nahbereichsphotogrammetrie. Grundlagen, Methoden und Anwendungen*, Band 2. Wichmann Verlag, Heidelberg, 2003.

Marczyk, J. *Computational Stochastic Mechanics in a Meta-Computing Perspective*. International Center for Numerical Methods, 1997.

Matter, S. *Hocheffziente Formulierung und Implementierung Finiter Elemente für transiente Analysen mit expliziter Zeitintegration.* Dissertation, Karlsruhe, 2012.

Meywerk, M. *CAE-Methoden in der Fahrzeugtechnik.* Springer-Verlag, Berlin-Heidelberg, 2007.

Muthler, A. *Berechnung der elastischen Rückfederung von Tiefziehbauteilen mit der p-Version der Finite-Elemente-Methode.* Dissertation, Technische Universität München, 2005.

Nasdala, L. *FEM Formelsammlung Statik und Dynamik*, Band 1. Springer Vieweg, Wiesbaden, 2010.

Oscar, P. und Eduardo, R. Impact performance of advanced high strength steel thin-walled columns. In *Proceedings of the World Congress on Engineering*, London, UK, 2008.

Otubushin, A. Detailed validation of a non-linear finite element code using dynamic axial crushing of a square tube. *International Journal of Impact Engineering*, 21(5):349–368, 1998.

Peixinho, N., Jones, N. und Pinho, A. Experimental and numerical study in axial crushing of thin-walled section made of high-strength steels. *Journal de Physique*, 110:717–722, 2003a.

Peixinho, N., Jones, N. und Pinho, A. Determination of crash-relevant material properties of dual-phase and trip steels. In *8th International Symposium on Plasticty and Impact Mechanics*, Neu-Delhi, Indien, 2003b.

Pohlheim, H. *Evolutionäre Algorithmen Verfahren, Operatoren und Hinweise für die Praxis.* Springer-Verlag, Berlin-Heidelberg, 2000.

Qin, A. K. und Suganthan, P. N. Self-adaptive differential evolution algorithm for numerical optimization. Technical report, Nanyang Technological University, 2006.

Raguse, K. *Dreidimensionale photogrammetrische Auswertung asynchron aufgenommener Bildsequenzen mittels Punktverfolgungsverfahren.* Dissertation, Gottfried Wilhelm Leibniz Universität Hannover, 2007.

Raguse, K., Derpmann-Hagenström, P. und Köller, P. Überlagerung der Bildinformationen von Berechnungsanimationen und Highspeed-Filmsequenzen mit Methoden der 3D-Bildmesstechnik. In *10. Symposium: Sensoren, Signale, Systeme*, 2004.

Rajabiehfard, R., Darvizeh, A., Alitavoli, M., Sadeghi, H., Noorzadeh, N. und Maghdouri, E. Experimental and numerical investigation of dynamic plastic behavior of tube with different thickness distribution under axial impact. *Thin-Walled Structures*, 109:174–184, 2016.

Rathje, K., Kauffmann, V. und Hurich, J. *Die passive Sicherheit der Mercedes-Benz S-Klasse*, Band 95. Autotechnische Zeitschrift, 1993.

Reddy, S., Abbasi, M. und Far, M. Multi-cornered thin-walled sheet metal members for enhanced crashworthiness and occupant protection. *Thin-Walled Structures*, 94:56–66, 2015.

Relou, J. *Methoden zur Entwicklung crash-kompatibler Fahrzeuge.* Dissertation, TU Braunschweig, 2000.

Robinson, S. Simulation model verification and validation: Increasing the user's confidence. In *Proceedings of the 1997 Winter Simulation Conference*, Atlanta, USA, 1997.

Rust, W. *Nichtlineare Finite-Elemente-Berechnung.* Vieweg + Teubner, Wiesbaden, 2009.

Sargent, R. G. Verification and validation of simulation models. In *Proceedings of the 2009 Winter Simulation Conference*, Syracuse, USA, 2009.

Schilling, R., Lock, A. und Kleiner, M. *Crashberechnung von umgeformten Karosseriekomponeten. In: Crash-Simulation: Fahrzeugsicherheit aus dem Computer*. 1997.

Schlling, R., Lanzerath, H., Paas, M. und Wesemann, J. Numerische Analysen zum Einsatzpotential neuer Werkstoffe in der passiven Sicherheit. *VDI Berichte*, 2000.

Schmidt-Jürgensen, R. *Untersuchungen zur Simulation rückfederungsbedingter Formabweichungen beim Tiefziehen*. Dissertation, Universität Hannover, 2002.

Scholz, S.-P. und Schöne, C. Berücksichtigung des Umformprozesses in der Crashberechnung. *VDI Berichte*, 1411:195–213, 1998.

Schroeder, M. Weitere Potenziale der Toplogieoptimierung zur Rückfederungskompensation von Blechformteilen. In *12. Dresdner Werkzeugmaschinen-Fachseminar - Simulation von Umformprozessen unter Einbeziehung der Maschinen- und Werkzeugeinflüsse*, 2007.

SdW. *Spektrum der Wissenschaft*. Spektrum Akademischer Verlag, 1998.

Siebertz, K., van Bebber, D. und Hochkirchen, T. *Statistische Versuchsplanung - Design of Experiments (DoE)*. Springer-Verlag, Berlin-Heidelberg, 2010.

Simo, J. und Hughes, T. *Computational Inelasticity, Interdisciplinary Applied Mathematics*, Band 7. Springer-Verlag, Berlin-Heidelberg, 1997.

Stören, S. und Rice, J. R. Localized necking in thin sheets. *J. Mech. Phys. Solids*, 23:421–441, 1975.

Tai, Y., Huang, M. und Hu, H. Axial compression and energy absorption characteristics of high-strength thin-walled cylinders under impact load. *Theoretical and Applied Fracture Mechanics*, 53, 2010.

Tarigopula, T., Langseth, M., Hopperstad, O. und Clausen, A. Axial crushing of thin-walled high-strength steel sections. *International Journal of Impact Engineering*, 32:847–882, 2006.

Thunert, C. *CORA User's Manual*, 2012.

Trucano, T. Uncertainty Quantification at Sandia. Technical Report SAND2000-0524c, Sandia National Laboratories, 2000.

Ulbricht, V. *Studienbrief Kontinuumsmechanik*. TU Dresden, 1997.

Weißbach, W. *Werkstoffkunde – Strukturen, Eigenschaften, Prüfung*, Band 17. Vieweg + Teubner, Wiesbaden, 2010.

Weicker, K. *Evolutionäre Algorithmen*. Springer Vieweg, Wiesbaden, 2002.

Wellkamp, P., Eichmueller, G. und Meywerk, M. Validation and Uncertainty Quantification – a promising approach to improve credibility of crash simulations? In *ESI Global Forum*, Paris, 2014.

Wierzbicki, T. *Crushing Analysis of Thin-Walled Structures*. Structural Mechanics Series, 1982.

Wierzbicki, T., Bhat, S., Abramowicz, W. und Brodkin, D. Alexander revisited — a two folding elements model of progressive crushing of tubes. *International Journal of Solids and Structures*, 29(24):3269–3288, 1992.

Wittemann, W. *Improved Vehicle Crashworthiness Design by Control of the Energy Absorption for Different Collision Situations.* Dissertation, Technische Universität Eindhoven, 1999.

Wojtkiewicz, S., Eldred, M. S., R.V. Field, J., Urbina, A. und Red-Horse, J. Uncertainty Quantification in large computational engineering models. Technical Report AIAA-2001-1455, Sandia National Laboratories, Albuquerque, USA, 2001.

Wolf, K., Scholl, U., Post, P. und Peetz, J.-V. *Verbesserung der Prognosefähigkeit der Crashsimulation aus höherfesten Mehrphasenstählen durch Berücksichtigung von Ergebnissen vorangestellter Umformsimulation*, Band 198. FAT - Schriftenreihe, 2005.

Xu, F. und Wang, C. Dynamic axial crashing of tailor-welded blanks (twbs) thin-walled structures with top-hat shaped section. *Advances in Engineering Software*, 96:70–82, 2016.

Xu, P., Yang, C., Peng, Y., Yao, S., Zhang, D. und Li, B. Crash performance and multi-objective optimization of a gradual energy-absorbing structure for subway vehicles. *International Journal of Mechanical Sciences*, 107:1–12, 2016.

Xue, L., Lin, Z. und Jiang, Z. Effects of initial geometrical imperfection on square tube collapse. Technical report, Shanghai Jiao Tong University, 2013.

Yamashita, M., Gotoh, M. und Sawairi, Y. A numerical simulation of axial crushing of tubular strengthening structures with various hat-shaped cross-sections of various materials. In *Key Engineering Matrials*, Band 233 of *Key Engineering Materials*, pages 193–198. Trans Tech Publications, 12 2003.

Yang, C. C. Dynamic progressive buckling of square tubes. In *The 27th Conference on theoretical and applied mechanics*, 2003.

Zhang, X. und Zhang, H. Crush resistance of square tubes with various thickness configurations. *International Journal of Mechanical Sciences*, 107:58–68, 2016.

Zhang, X., Zhang, H. und Wen, Z. Axial crushing of tapered circular tubes with graded thickness. *International Journal of Mechanical Sciences*, 92:12–23, 2015.

Zhang, X., Zhang, H. und Wang, Z. Bending collapse of square tubes with variable thickness. *International Journal of Mechanical Sciences*, 106:107–116, 2016.

Zhang, X.-W., Su, H. und Yu, T.-X. Energy absorption of an axially crushed square tube with a buckling initiator. *International Journal of Impact Engineering*, 36:402–17, 2009.

Printed in the United States
By Bookmasters